明清家具研究选集

中国红木家具

濮安国 著

故宫出版社

图书在版编目（CIP）数据

中国红木家具/濮安国著.—北京：故宫出版社，2012.12（2014.9重印）
（明清家具研究选集）
ISBN 978-7-5134-0349-8

Ⅰ.①中… Ⅱ.①濮… Ⅲ.①红木科－木家具－介绍－中国－明清时代 Ⅳ.①TS666.204.8

中国版本图书馆CIP数据核字（2012）第260208号

明清家具研究选集
中国红木家具
作　者：濮安国

出 版 人：王亚民
责任编辑：徐小燕
装帧设计：李　猛　杜英敏
出版发行：故宫出版社
地址：北京市东城区景山前街4号　邮编：100009
电话：010-85007808　010-85007816　传真：010-65129479
网址：www.culturefc.cn　邮箱：ggcb@culturefc.cn
印　刷：北京方嘉彩色印刷有限责任公司印刷
开　本：889×1194毫米　1/16
印　张：17.25
字　数：60千字
图　版：405幅
版　次：2012年12月第1版
2014年9月第2次印刷
印　数：3,001~6,000册
书　号：ISBN 978-7-5134-0349-8
定　价：126.00元

目录

前言

《中国红木家具》是一部最早总结和介绍中国红木家具的专著，主要阐述的是红木、红木家具和红木家具文化的概念和内容。自 1996 年正式出版发行以来，前后经 6 次印刷，现由故宫出版社作重新编排，稍作修改，一起收录于我的《明清家具研究选集》之中，深感欣慰，在此首先让我表示真诚的谢意。

自 17 世纪以来，我国红木家具历经几百年的生产和创造，已成为我们国家物质和非物质文化遗产中的重要项目，而且随着新时代和新生活的发展，出现了历史上前所未有的繁荣景象。

然而，今天有许多人把采用"红木"制作的家具，都看成为就是传统意义上的"中国红木家具"。很多人仍然并且不知道红木家具的历史、家具的艺术特色和文化内涵，一味地把所谓的"红木"标准作为了"红木家具"的主要标准。至今，对这些问题确实需要从理论上不断地进行思考和深入探索。尤其是在伴随着经济增长而异常热闹的红木市场中，红木家具文化的价值却严重失调，这就从根本上唤起了人们对这一物质文化现象的反思和觉醒。

由此，我们依然需要回归到历史的起点，认真学习和了解我国利用珍贵木材制造家具的文化渊源，在不同历史时期的社会变化和人文环境中的精神内涵，努力从历史的过程中掌握红木家具的功能属性、传统属性和时代属性，从而克服当今我国红木家具生产中的文化缺失现象。避免红木家具蜕化成为人们现实生活中的一种低俗的物欲追求，缺少了本质意义上的民族文化特征。

《中国红木家具》研究的初衷是红木家具的类别、品种，用材、文化；以及红木家具的造型、制造工艺、装饰和地方风格；直至 20 世纪末，我国近 400 多年来的红木家具，在中国家具和世界家具史上早就展现了无比显赫的成就，占有着极其重要的地位。所以，我国红木家具不仅是一份珍贵的文化遗产，更是需要今天去继往开来的特殊的文化产业。

让我们缅怀古人用丰富智慧孕育产生的红木家具，在我们伟大民族文明的大厦中，成为一堂永恒的艺术经典和标志。当下，显得更为迫切地是能继续提高全社会的传统文化素养，提高广大从业者的思想认识水平，努力继承优秀的制作技艺，在科学与创新中更好地反映新的时代精神。这些，也都是在社会不断变革，在倡导国家文化建设的今天，通过《中国红木家具》的再版，我想郑重表达的一点真情实感。

本书1996年由浙江摄影出版社出版，至今已近20年。这次得到北京故宫出版社领导的支持，一起收录于我的“明清家具研究选集”之中，在此谨向他们和参加出版成书的朋友们，致以真挚的谢意。

第一章

中国古代家具概述

图 1 汉代铜镜上的坐席纹样　左：东王公像　右：西王母像

图 2 新石器时期印纹陶上的席纹

一　汉代以前的家具

(一) 席是古代最原始的家具

中国古代，人们“席地而坐”，最早、最原始的家具便是坐卧铺垫用的席。席的产生，约在神农氏时代。[1]考古界发掘出土的最早实物有新石器时代的蒲席、竹席和篾席等，距今已有5000多年。[2]以后，从夏、商、周一直到两汉时期，我们的古人在居室生活中始终没有离开过席，席便成了这一时期最主要的家具（图1、2）。

首先，古人将“席”与“筵”结合在一起，形成一套“重席”制度。一方面，用它来防潮湿，避寒冷；另一方面，根据不同的习俗和需要，在日常生活中以设席的方式来表现各

[1]《壹是纪始》卷十一：“神农作席荐。”

[2] 浙江省文物管理委员会：《吴兴钱山漾遗址第一、二次发掘报告》，《考古学报》，1960年第2期。

种规制和礼节。故《周礼》有所谓“王子之席五重，诸侯三重，大夫再重”的记载。

那时，古人不论是生活起居还是接待宾客，都在室内布席。不过，“席不正不坐”，于是就有所谓“君赐食，必正席先尝之”[3]等各种各样的规矩和习惯，如在《礼记》中有“席，南向北向，以西为上，东向西向，以南为上”等规定。在古籍中,我们常能看到不少“连席”或“割席”的生动故事，因身份或志趣的不同，坐席也有明显区别。由此可见，中国古代家具从一开始就蕴含着极其丰富而深邃的文化内涵。

图 3 龙山文化时期的漆木案（山西襄汾陶寺墓地出土）

当时使用的筵和席有很多种类，从选用材料到编制织造,大多十分讲究。《周礼·春官》中记载的“莞、藻、次、蒲、熊”，就是运用不同材质分别制成不同花纹和色彩的五个品种,它们都以各自的特色,满足各种不同的要求。《尚书·顾命》里所提到的“丰席”和“笋席”,均是经过特别选料、精致加工的优质竹席。

总之，席这种最古老的家具，不仅是中国古代“席地而坐”的生活用品，而且是古代习俗和礼仪规制的直接体现，是我们民族物质文化的重要组成内容，它具有最悠久的历史和古老的传统。

（二）史前彩绘木家具的重要发现

1978 至 1980 年间，中国社会科学院考古研究所山西工作队等单位在山西襄汾陶寺龙山文化墓地发掘出土了中国迄今最早的木制家具，[4]为中国史前家具展现了光辉灿烂的一页。这些家具中，最有代表性的有木几、木案和木俎。木几平面均为圆形，圆周起棱边，下置束腰喇叭状的独足；几面直径多在 80 厘米以上，通高 30 厘米左右。木案的“形状很像一个长方形的小桌”，平面通常为长方形或圆角长方形，在一长边与两短边间构成冂形板足（图3），有的在另一长边中还加置一圆柱形足；案长 90－120

[3]《论语 · 乡党》。

[4] 中国社会科学院考古研究所山西队等：《1978－1980 年山西襄汾陶寺墓地发掘简报》，《考古》，1983 年第 1 期。

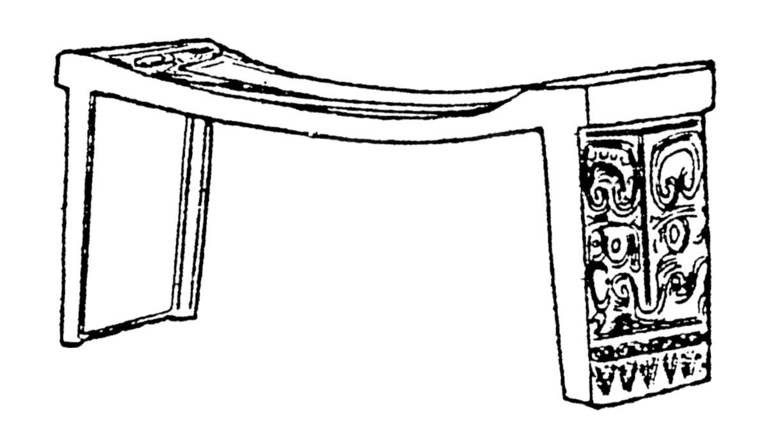

图 4 商晚期青铜饕餮蝉纹俎

厘米、宽 25－40 厘米、高 10－18 厘米不等。木俎大多为四足，用榫与俎面的榫眼相接，长方形俎面较厚，长 50－75 厘米，宽 30－40 厘米，俎高 12－25 厘米。

这些木制家具，大多在器身表面施加彩绘，有的单色红彩，有的以红彩为地，再绘彩色花纹。由于埋藏在地下 4000 多年，木胎已经完全腐朽，经考古工作者采用科学方法起取出土复原后，[5] 真实地再现了古代早期家具的肇始形态，为研究中国古代史前家具实物填补了空白。

（三）典雅凝重的青铜家具

商周是中国古代青铜器高度发达的时期，古代家具通过青铜器的形式，为我们留下了这一历史阶段中最珍贵的实物资料。被鉴定为殷商器的青铜饕餮蝉纹俎（图 4），就是一件较早的传世青铜家具。该俎造型别致，纹饰精美，具有很高的艺术价值。西周时期的青铜四直足十字俎（图 5）和商代青铜壶门附铃俎（图 6），也都是极其珍贵的青铜家具实物。

1976 年，在殷墟王室妇好墓出土的青铜三联甗座（图 7），[6] 高 44.5 厘米，长 107 厘米，重 113 千克，六足，四角饰牛头纹，四外壁饰有相互间隔的大涡纹和夔纹。座

[5] 王振江 :《考古发掘中彩绘木器的清理和起取》,《考古》, 1984 年第 3 期。

[6] 中国社会科学院考古研究所:《殷墟青铜器》, 文物出版社, 1985 年。

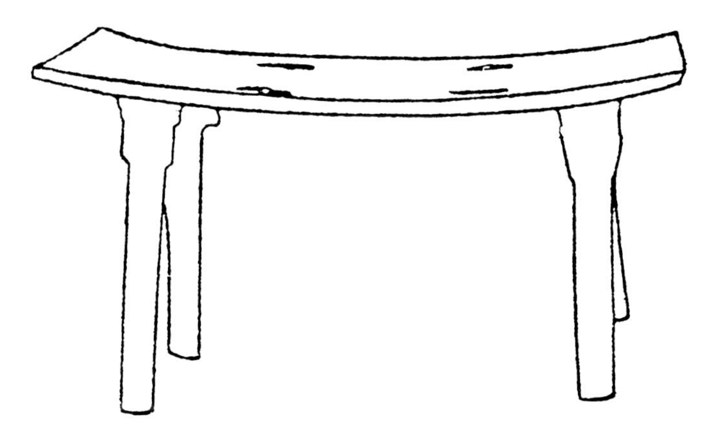

图 5 西周早期青铜四直足十字俎

图 6 商青铜壶门附铃俎（辽宁义县花儿楼窖藏出土）

图 7 商青铜三联甗座（殷墟王室妇好墓出土）

[7] 文化部、文物局、故宫博物院：《全国出土文物珍品选》，文物出版社，1994 年出版。

架面上有三个高出的圈，可同时放置三只甗，故名三联甗座。这件甗座不仅是一件不可多得的大型青铜器，更是一件典型的早期青铜家具。这件青铜甗座的出土，进一步为我们展示了商周时期中国古代家具独特的形式和极高的艺术水平。

与此类似的是放置各种酒器的青铜禁，实物有天津历史博物馆收藏的西周初年的青铜夔纹禁（**图 8**）和美国纽约大都会艺术博物馆收藏的西周青铜禁。后者当年在陕西凤翔出土时，禁面上仍摆放着卣、觚、爵等十三件酒器。这两件青铜禁，都是不可多得的商周青铜家具。

据古籍记载，禁，可分为无足禁和有足禁。以上两件均是无足禁。1979 年，河南淅川楚令尹子庚墓出土了一件春秋时期的青铜有足铜禁（**图 9**）。[7] 铜禁长 107 厘米，宽 47 厘米，呈长方体，禁面中心光素无纹，边沿及侧面饰透雕蟠螭纹，下面有十只圆雕的虎形足，禁身四周铸有向上攀附的十二条蟠龙。卓越的铸造工艺，使青铜家具的造型艺术达到了登峰造极的地步。

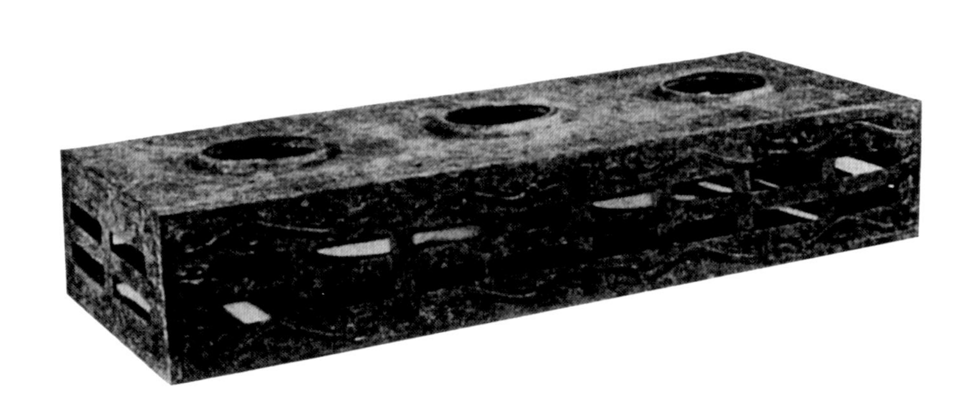

图 8 西周青铜夔纹禁
（天津历史博物馆藏）

1971 年，在河北平山战国中山国墓中出土的青铜错金银龙凤方案（图 10），[8] 更是一件罕见的古代家具瑰宝。此案“设计造型之奇巧，制作技术之高超，装饰工艺之精湛”，出土以来，一直受到文物界、工艺美术界的高度重视，被视为古代物质文明的重要象征之一。

[8] 河北省文物管理处：《河北省平山县战国时期中山国墓葬发掘简报》，《文物》，1979 年第 1 期。

图 9 春秋青铜有足铜禁（河南淅川楚令尹子庚墓出土）

图 10 战国青铜错金银龙凤方案（河北平山中山国墓出土）

人们日常生活需要的家具，总与同时代居室生活中的各类器物保持相应的一致。青铜家具也和其他青铜器一样，不仅是青铜时代灿烂文化的标志，而且代表着中国古代家具的重要历史阶段。每当人们从后世的古典家具中看到与青铜器物造型的渊源关系时，就会更加深刻地认识到，一个民族的传统文化在物质文明史上所具有的重要意义和地位。

（四）五彩缤纷的先秦漆木家具

中国古代家具的发展过程,一直是以漆木家具为主流，从史前的彩绘木家具，到春秋战国时期的漆木家具，反映着中国古代前期家具的主要历程。

先秦时代是中国历史上百家争鸣、昌盛文明的时期，社会的繁荣对物质文化的发展起着巨大的推进作用，加上铁制工具的普遍采用和高度发达的髹漆工艺，为漆木家具的发展提供了优越的条件。特别在楚国，漆木家具广泛应用，迅速使家具品类增多，质量提高。漆俎（图 11）在战国楚墓中有时一次出土就多达几十件，[9] 说明该品种自商周以来已达到成熟的阶段。1988 年 6 月，湖北当阳赵巷四号楚墓出土的一件漆俎（图 12），[10] 除俎面髹红漆外，其他均以黑漆作地，用红漆描绘十二组二十二只瑞兽和八

[9]［10］宜昌地区博物馆：《湖北当阳赵巷四号春秋墓发掘简报》,《文物》, 1990 年第 10 期。

图 11 战国彩绘漆俎
（河南信阳楚墓出土）

图 12 春秋彩绘漆俎
（湖北当阳赵巷四号楚墓出土）

只珍禽。禽兽在外形轮廓线内采用珠点纹装饰。该俎造型生动别致，画面图像形神兼备。瑞兽似鹿，俎纹取“瑞鹿”为题材，应是楚人崇鹿时尚的体现。《礼记·燕义》还有“俎豆牲体荐羞，皆有等差，所以明贵贱也”的记载，说明这件精美而富有意味的漆绘家具，更是当时社会宴礼待宾、祭祀尊祖、讲究器用的真实反映。

俎，有虞氏时称“梡”，夏后氏时称“嶡”，商代称“椇”，周代称“房俎”。河南信阳一号楚墓出土一件战国黑漆朱色卷云纹俎（**图 13**），[11] 其两端各有三足，足下置横跗，长 99 厘米，宽 47.2 厘米，高 23 厘米，规格比一般漆俎大得多。这件大型的漆俎，考古界有人认为就是房俎，可能是当时俎的一种新形式，已与漆案渐渐接近。这也许就是以后俎很快被几、案替代的一个重要原因。

[11] 河南省文物研究所：《信阳楚墓》，文物出版社，1983 年出版。

图 13 战国黑漆朱色卷云纹俎
（河南信阳一号楚墓出土）

先秦时代的漆禁与商代和西周的青铜禁已经有较大的差异，如河南信阳一号楚墓出土的漆禁（图 14），[12] 其禁面浮雕凹下两个方框，框内有两个稍凸出的圆圈圈口。出土时，在禁的附近发现有高足彩绘方盒，其假圈足与此圆圈可以重合。这说明，禁的使用功能不断扩大，造型也出现了新的变化。

无论在实用性还是装饰性上，先秦时期最富有时代性和代表性的家具是漆案和漆凭几。《考工记 · 玉人》载："案十有二寸，枣栗十有二例。"可见春秋战国时，案的品种分门别类，已日趋多样化，并且多与"玉饰"[13] 有关，是一种比较新式的贵重家具，因此大多造型新颖，纹饰精美。湖北随县曾侯乙墓出土的战国漆案（图 15、16）和河南信阳楚墓出土的金银彩绘漆案，皆是这类漆木家具中最优秀的典范。

[12] 河南省文物研究所：《信阳楚墓》，文物出版社，1983 年。

[13] 郑玄注："案，玉饰案也。"贾公疏："以其在玉人，故知以玉饰案也。"

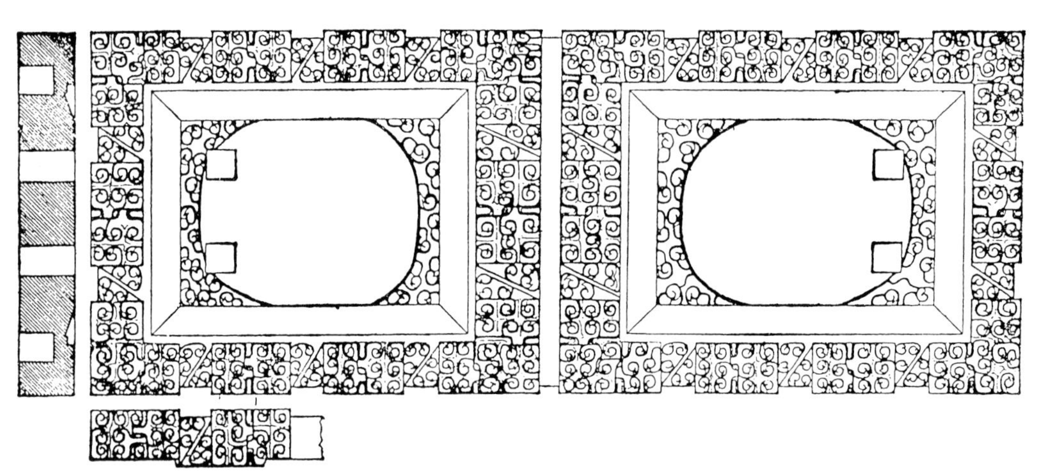

图 14 战国漆禁（河南信阳一号楚墓出土）

图 15 战国漆案
（湖北随县曾侯乙墓出土）

图 16 战国彩绘漆案
（湖北随县曾侯乙墓出土）

春秋战国的漆几，有造型较为单纯的H形几。这种几仅采用三块木板合成，两侧立板构成几足，中设平板横置，或榫合，或槽接，既有强烈的形式感，又有良好的功能效果（图17、18）。较多见的是几面设在上部，两端装置几足的各种漆几。根据几面的宽狭，又可分为单足分叉式和立柱横跗式两种类型（图19、20），立柱横跗式的也有多种不同的形制。在湖南长沙刘城桥一号楚墓出土的漆几（图21），几的两端分立四根柱为几足，承托几面，直柱下插入方形横木中，同时另设两根斜档，从横跗面斜向插入几面腹下，使几足更加牢固，

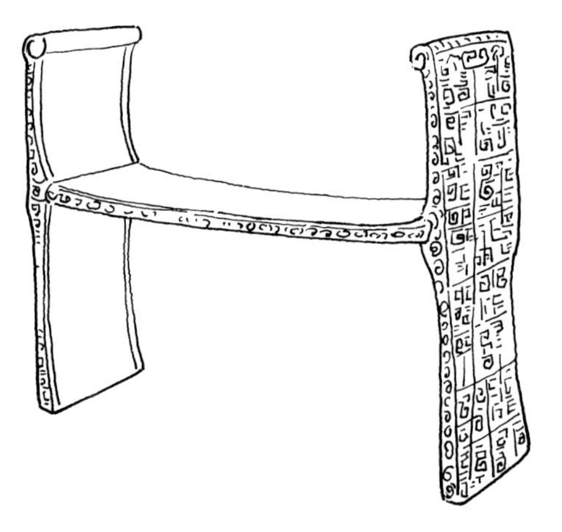

图 17 战国漆几
（湖北随县曾侯乙墓出土）

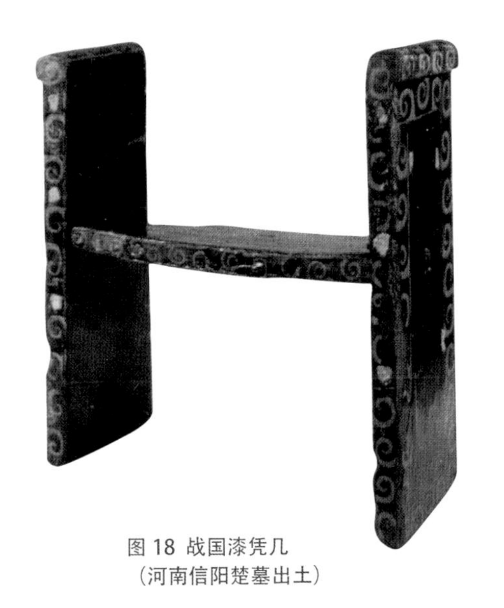

图 18 战国漆凭几
（河南信阳楚墓出土）

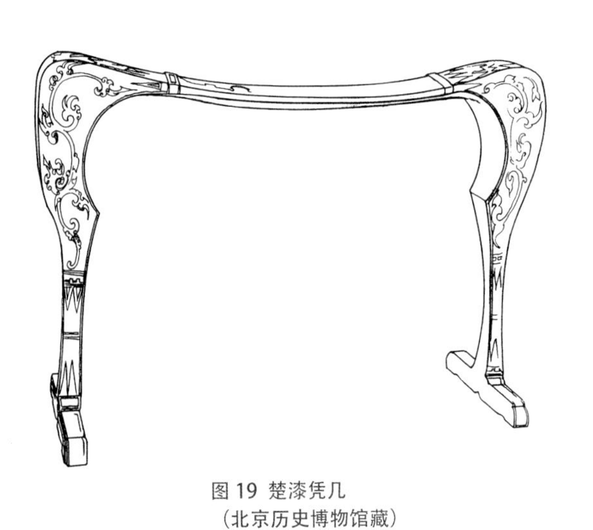

图 19 楚漆凭几
（北京历史博物馆藏）

图 20 战国雕花漆几
（河南信阳长台关楚墓出土）

形体更加稳健。这些先秦时期漆凭几的造型和结构，都足以使我们看到先秦漆木家具在不断创新发展中取得的巨大进步。

春秋战国的漆木家具还有雕刻、彩绘精美的大木床（图 22），工艺构造精巧、合理的框架拼合折叠床，双面雕绘、玲珑剔透、五彩斑斓的装饰性座屏（图 23），以及各种不同实用功能的彩绘漆木箱等（图 24）。它们无一不是春秋战国时期漆木家具的优秀实例，是中国席坐时代居室文明的重要标志。

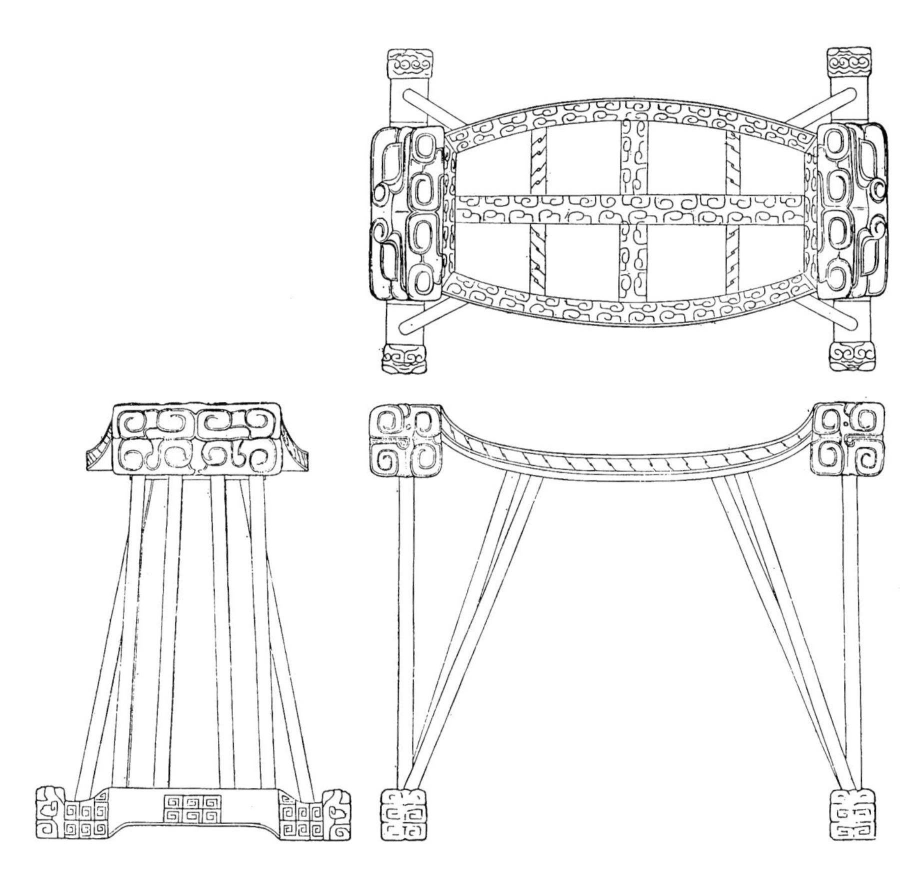

图 21 战国漆几
（湖南长沙刘城桥一号楚墓出土）

图 22 战国木床（河南信阳楚墓出土）

图 23 战国彩绘透雕座屏（湖北江陵望山一号楚墓出土）

图 24 战国彩绘漆木箱
（湖北随县曾侯乙墓出土）

（五）适应席坐和坐榻生活的汉代家具

中国古代社会进入汉代以后，出现了一个长盛久安的新局面，尤其在汉武帝时，无比强大的国力和思想领域的一统化，迅速加快了战国以来社会民风习俗的大融会。从此，中国成为一个地大物博，人口众多，以汉民族为主体的多民族国家。汉代的物质文化在历史的基础上又发展到了一个更高的水平。

汉代统治阶层居住在“坛宇显敞，高门纳驷”的宅第中，过着歌舞娱乐、百戏宴饮的享受生活（图 25-27），与生活内容相适应的汉代家具也更加讲究起来。西汉刘歆在《西京杂记》中，就有“武帝为七宝床、杂宝案、侧宝屏风，列宝帐设于桂宫，时人谓之四宝宫”的描绘。

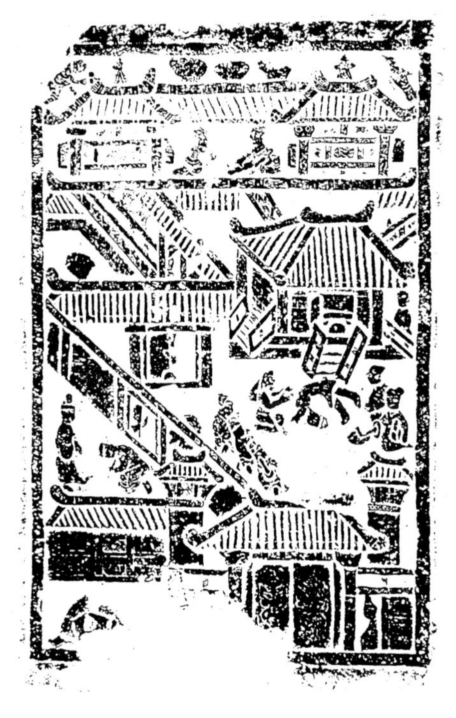

图 25 汉画像石上的庭院建筑和伎人表演（山东曲阜旧县村出土）

图 26 汉画像石上的宴饮生活

图 27 汉画像石上的歌舞百戏

在江苏邗江胡场汉墓中发现一幅木版彩画，[14] 画幅上部绘有四人，墓主人端坐一榻之上，衣施金粉，体态高大，其余三人都面向左呈拱手作揖或跪立状。画幅下部绘一帷幕，其下有一人坐在榻上，前置几案，案上有杯盘，几下放香熏，侍女跪立榻后；伶人彩衣轻飘，一倒立，一反弓，姿态优美生动；成双成对的宾客皆席坐在地，聚精会神地观赏表演。右边是击钟敲磬、吹笙弹瑟的乐队在进行伴奏。像这幅反映墓主人生前欢乐生活的绘画作品，无疑也是汉代现实生活的形象记录，再现了当时居室生活与家具的真实情况。汉代时期，在“席地而坐”的同时，开始形成一种坐榻的新习惯，与“席坐”和“坐榻”相适应的汉代家具，在中国古代家具史上写下了新的篇章。

由商周时期的筐床[15] 演变而成的榻，到汉代已是日益普及化的一种家具，故“榻”这个名称迟至汉代才出现。1958 年，河南郸城出土一件西汉石榻（图 28），[16] 青色石灰岩质，长 87.5 厘米，宽 72 厘米，高 19 厘米。榻足截面和正面都为矩尺形，榻面抛出腿足，造型新颖，形体简练。在榻面上刻有“汉故博士常山太傅天君坐榆（榻）”隶书一行，共十二个字。这不仅是一件罕见的西汉坐榻实物，而且更有迄今所见最早的一个“榻”字。汉榻一般较小，有仅容一人使用，且可“去则悬之”，实用而方便的

[14] 扬州博物馆邗江县文化馆：《扬州邗江县胡场汉墓》，《文物》，1980 年第 3 期。

[15]《庄子 · 齐物论》：“与王同筐床，食刍豢。”

[16] 曹桂岑：《河南郸城发现汉代石榻》，《考古》，1965 年第 5 期。

独榻（图 29）。[17] 简单的小榻还称“枰”。根据使用要求和场合的不同，东汉以后，更多的是供两人对坐的合榻（图 30），[18] 还有三人、五人合坐的连榻（图 31）。[19] 从大量的汉代画像中可以看出，这些大型的汉榻不会小于卧床。

席坐文化时期，居室内常常采用帷幕、围帐御风寒、作遮挡。到汉代，随着床榻的广泛运用，这一功能越来越多地被各种形式的屏风所替代（图 32、33）。屏风既能做到布置灵活，设施方便，又能改变室内装饰效果，美化环境，因此，汉代的屏风成了汉代家具中最有特色的品种。统治者们都竭力追求屏风的豪华，如《太平广记·奢侈》所记，西汉成帝时，皇后赵飞燕挥霍无度，所用之物极其铺张。有一次，她从臣下处得贡品三十五种，其中就有价值连城的“云母屏风”、“琉璃屏风”等。这些讲究材质和工艺的高级屏风，已成为当时一种珍贵的艺术品，在《盐铁论》中就有所谓“一屏风就万人之功”的描述。汉代屏风的最早实物有长沙马王堆出土的彩绘木屏风（图 34）。该屏风长 72 厘米，宽 58 厘米，屏风正面为黑漆地，红、绿、灰三色油彩绘云纹和龙纹，边缘用朱色绘菱形图案。背面红漆地，以浅绿色油彩在中心部位绘一谷纹璧。周围绘几何方连纹，边缘黑漆地，朱色绘菱形图案。屏风系座屏式，虽是一件殉葬品，但真实地展现了西汉初期屏风的基本风貌。

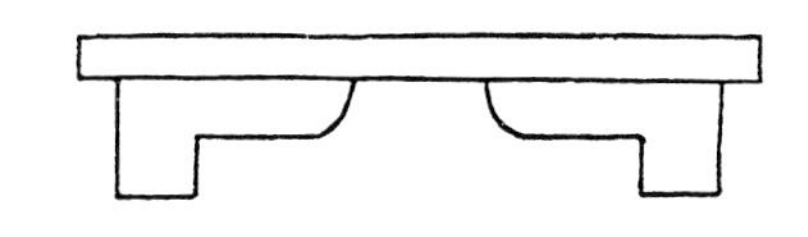

图 28 西汉石榻（河南郸城出土）

[17]《语林》：“预征吴还，独榻，又与宾客共也。”

[18]《三国志·吴志·鲁肃传》：“权即见肃……合榻对饮。”

[19]《世说新语 · 方正篇》：“朝士悉至，皆在连榻坐。”

图 29 汉墓壁画中的独榻
（河北望都汉墓出土）

图 30 汉画像石上的合榻
（江苏徐州铜山白集汉墓出土）

图 31 汉画像石上的各种连榻

图 32 汉画像石中居室生活中采用的帷幕
（四川成都羊子山墓出土）

图 33 东汉画像石中居室生活内采用的
折叠屏风（山东诸城出土）

图 34 西汉彩绘木屏风（湖南长沙马王堆汉墓出土）

图 35 汉陶屏风
（河南洛阳涧西东汉墓出土）

汉代屏风（图 35-37）多设在床榻的周围或附近，也有置于床榻之上的，形式除座屏以外，更多的是折叠屏风，有两扇、三扇或四扇折的，金属连接件十分精致。各种屏风与后世的式样并无多大差异。可以说，在中国古代家具史上，屏风是流传最久远，最富有民族传统特色的品种之一。

图 36 汉墓壁画上雕刻的屏风
（江苏昌利水库汉墓出土）

图 37 东汉画像石上的屏风
（江苏邳县彭城东汉墓出土）

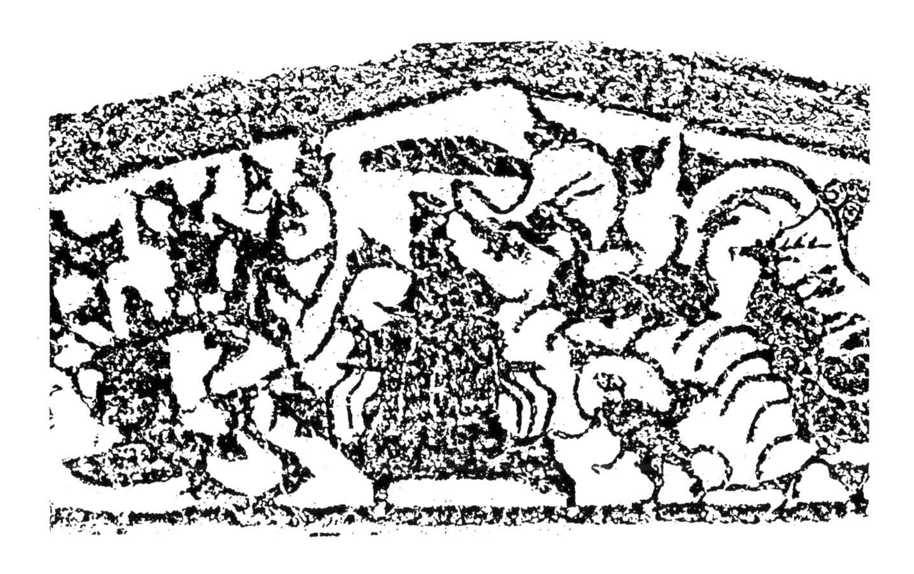

图 38 汉凭几置榻上的画像石
（江苏徐州十里铺出土）

与汉榻配置密切的家具，除屏风以外还有几和案。汉几多见置于榻上或榻前，以曲栅式的漆几最普遍（图 38、39）。各种凭几大多制作精良，富有线条感（图 40）。《释名·释床帐》云："几，庋也，所以庋物也。""庋"即"藏"，故知汉几的功能不断得到扩大，有时还可以用它来放置东西（图 41），犹如案一样摆放酒食等，甚至供人垂足而坐（图 42）。另外，在朝鲜古乐浪和河北满城一号西汉墓中出土的漆凭几，几足可作折叠，可高可低，根据需要可加以调节，[20] 其设计之巧妙，构造之科学，对中国古代家具的发展有着特殊的意义。

[20] 孙机：《汉代物质文化资料图说》，文物出版社，1991 年。

图 39 汉漆画上的凭几（陕西咸阳龚家湾出土）

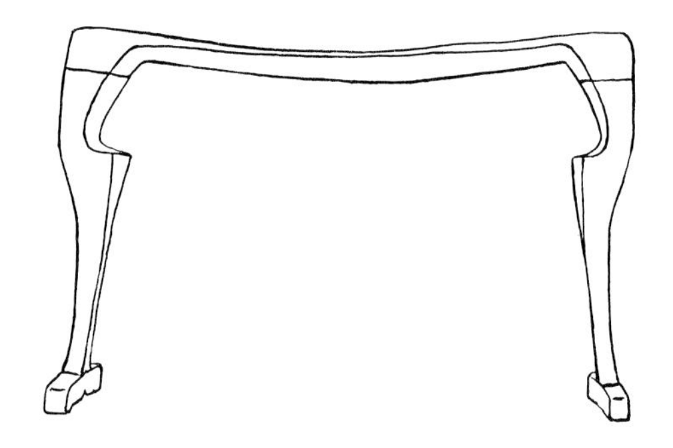

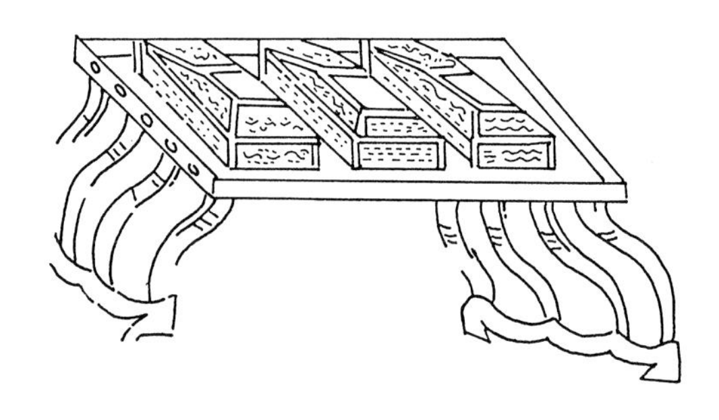

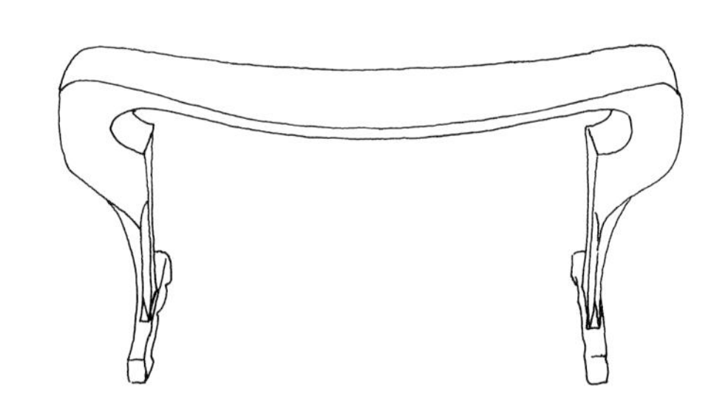

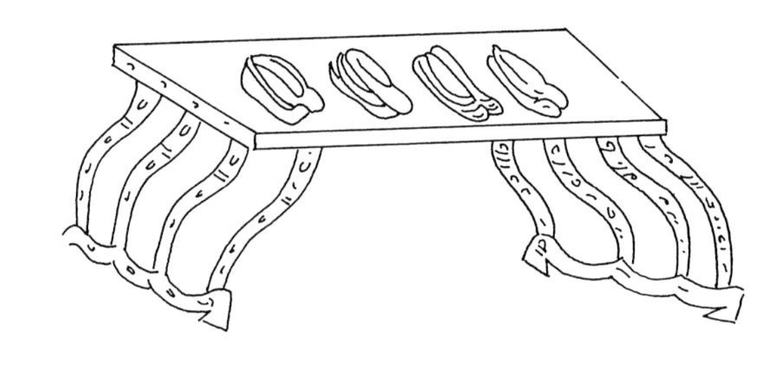

图 41 汉画像石中的置物几
（山东沂南汉墓出土）

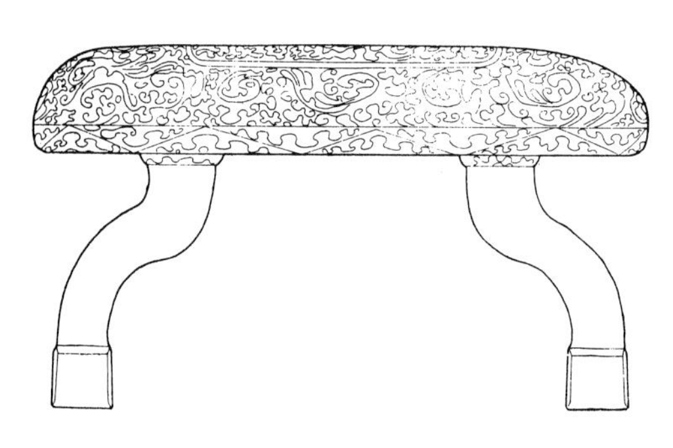

图 40 汉各式凭几图

图 42 汉画像石《聂政自屠》中的凭几

图 43 汉彩绘漆案
（江苏扬州西湖乡胡场出土）

汉代家具中常见的案（图 43），在规格、形制和装饰方法上都出现了很大的变化。除漆案以外，还有陶制和铜制的，品种有食案、书案、奏案等各种类别，从各方面满足了社会的需要（图 44-46）。至于汉代是否有桌，至今在认识上仍存在着分歧，但从一些画像砖和壁画等图像中，已经看到一些功能和形式都近似桌的家具（图 47-50）。

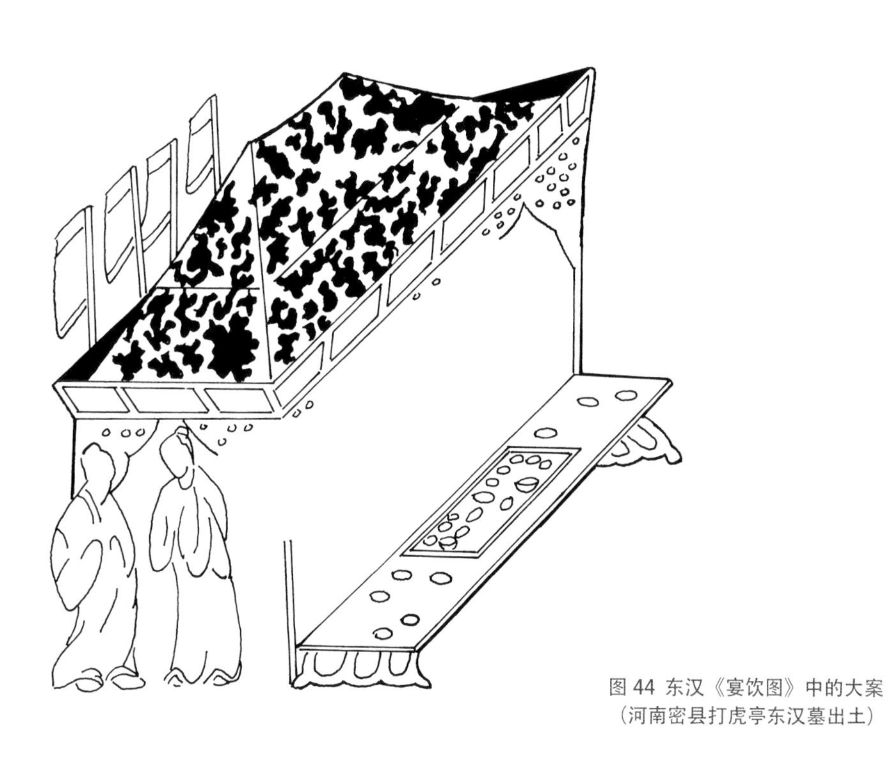

图 44 东汉《宴饮图》中的大案
（河南密县打虎亭东汉墓出土）

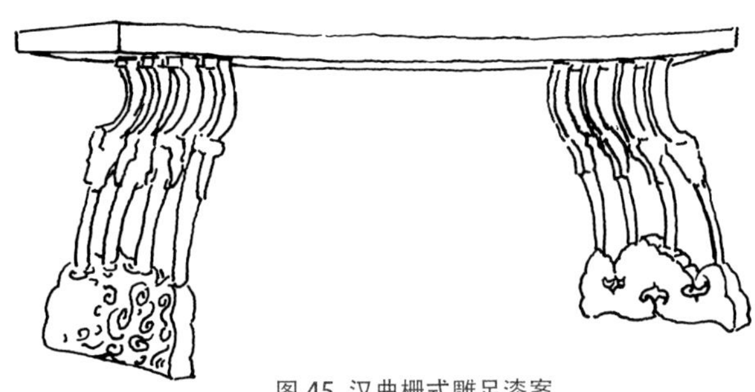

图 45 汉曲栅式雕足漆案
（江苏连云港唐庄汉墓出土）

图 46 汉漆案和漆器（江苏扬州汉墓出土）

图 47 东汉铜檈案（广州沙河顶东汉墓出土）

综上所述，居室生活处在“席坐”向“坐榻”过渡时期的汉代，家具的品类和形式不断增多，功能也更加得到改善和提高。这一时期的家具，虽然依旧形体低矮，结构简单，部件构造也较单一，在整体上仍保持着古代前期家具的主要风格和特点，但家具立面的形式变化较丰富，榫卯制造渐趋合理，这些，都为增进家具形体高度奠定了良好的基础。汉代家具在继承先秦漆饰优秀传统的同时，彩绘和铜饰工艺等手法日新月异，家具色彩富丽，花纹图案富有流动感，气势恢弘，这些装饰，使得汉代家具的时代精神格外鲜明强烈（图 51）。

图 48 汉壁画《庖厨图》中的桌（辽阳棒台子屯汉墓出土）

图 49 汉陶明器桌（河南灵宝东汉墓出土）

图 50 四川彭县《羊尊酒肆》画像砖中的桌案

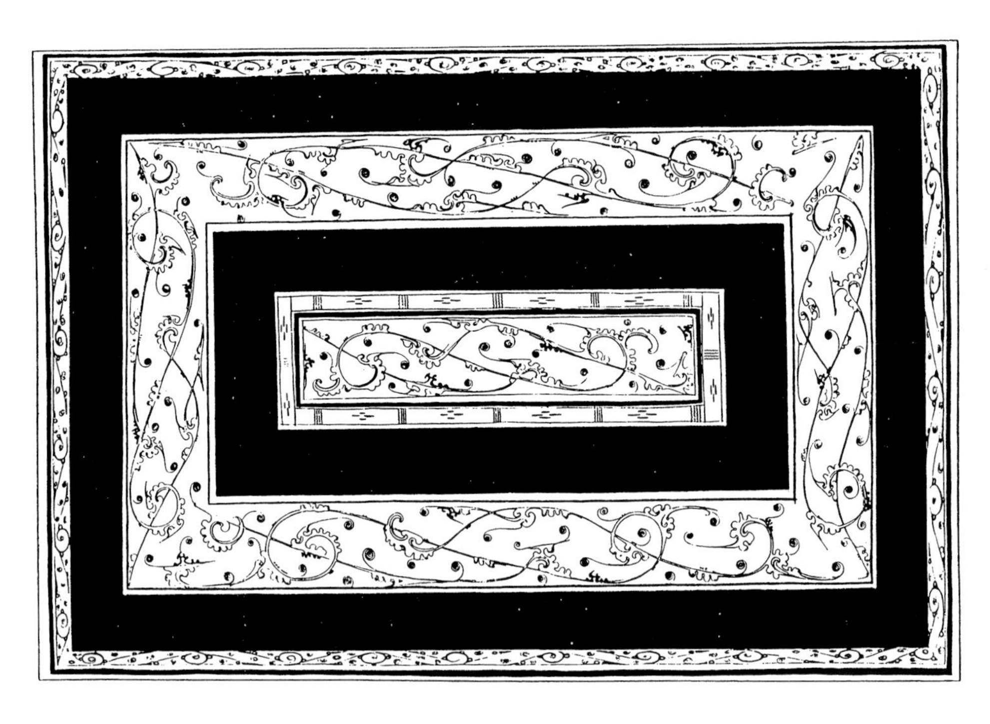

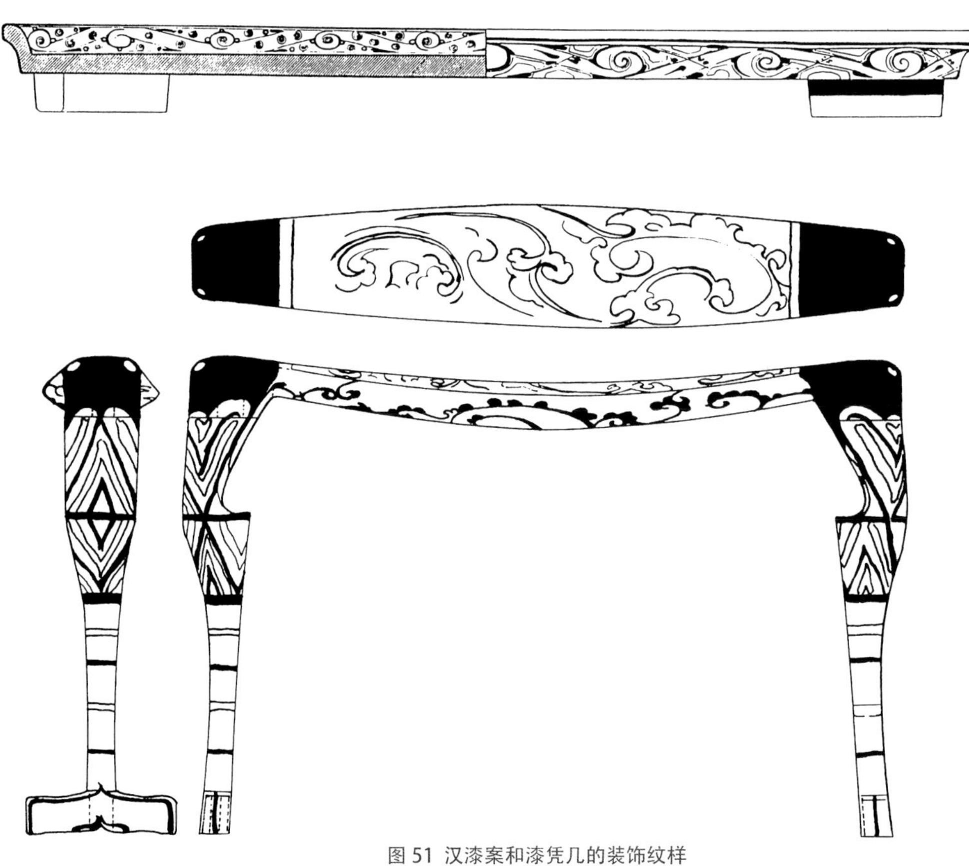

图 51 汉漆案和漆凭几的装饰纹样
（湖南长沙马王堆西汉墓出土）

图 52 北魏石刻画像中的屏风、榻和几

图53 北朝石刻画像中的屏风、榻和隐囊（山东博兴出土）

二　魏晋南北朝到宋元时期的家具

（一）变革鼎新的魏晋南北朝家具

魏晋南北朝长期的社会动乱和国家的四分五裂，导致了中国古代社会体制的改革和变化。首先，汉族的传统文明与外来异族文明在相互交流中得到进一步的融会和升华，产生了一次新的突破。同时，思想领域内儒、道、佛的互相影响和吸收，出现了许多新的文化基因。再加上新兴士族阶层在各个方面所起的催化作用，使传统意识中的跽坐礼节观念很快淡化，社会的生活方式和民风习俗得到了自由发展的契机。中国古代社会进入了一个较开放的历史阶段。

这时，人们生活必需的家具，既有继承传统的品种和式样（图52、53），又有来自天竺佛国的形式，还有西域胡人传入的家具，从而使魏晋南北朝的家具形成了一种多元的局面。

在敦煌石窟285窟西魏时期的壁画中，有一幅山林仙人画像。仙人身披袈裟，神情怡然安详，姿态端正地盘坐在一把两旁有扶手、后有靠背的椅子上（图54）。这是中国古代家具史上迄今最早的椅子形象资料。它与秦汉时期的坐具明显不同，腿后上部设有搭脑，扶手的构造与后世椅子极其相像。除此之外，魏晋南北朝的新颖坐具有四足方凳，箱体形的凳子，细腰形圆凳和坐墩等（图55-57）。自受汉灵帝“好胡服、胡帐、胡床……京都贵戚皆

图 54 甘肃敦煌 285 窟北坡西魏壁画《禅修图》中的椅子

图 55 东晋吴道子绘《释迦降生图》中的方凳

图 56 北魏石刻造像《佛传图》中的腰鼓形圆凳（河南洛阳龙门石窟莲华洞）

[21]《后汉书 · 五行志》。

竞为之”[21]的影响，胡床（图 58）、绳床等家具也广为流行。以上这些家具，几乎皆是前所未有的新品种和新形式。

依据魏晋南北朝出现椅子和胡床的现象，我们不能不看到，中国古代家具在吸收外来营养中，得到了一次新的发展和提高。此后，中国家具的古老传统渐渐出现许多新质，形成许多新的面貌。在世界坐具发展史上，中国古代的凳子、椅子比埃及和希腊等国家晚 2000 多年，中国古代坐具的发展无疑会受到世界各国家具的影响，但任何民族历史的发展，主要取决于民族自身的内部因素。从先秦到两汉，随着居室生活的演进，中国古代的家具不断选择自己需要的形式。如最具有传统特色的屏风与坐榻，到魏晋南北朝间，其坐身上部的围屏已完全失去了秦汉时屏风与榻组合作用的意义；虽然坐身仍然形体低矮，但围屏高度的比例已显著下降（图 59）。这种仍称为“围榻”的坐具，与后世的一些椅子形式有着异曲同工之妙。这一传统古典式的坐具，在中国古代家具史上起着承前启后的作用。

图 57 北齐石室墓石刻画像中的圆墩
（山东益都出土）

图 58 《北齐校书图》中的折叠凳——胡床

至于胡床之类家具，在中国古代家具史中，它始终只是保持着一种外来的式样，作为我们民族居室生活中的一种补充和点缀，它的出现并没有改变中国古代家具的悠久传统。中国古代的坐具，仍是一如既往地在适应本民族生活环境中不断推陈出新，并从形体到结构上建立起一个完整独特的体系。

在魏晋南北朝时期，家具制造在用材上日趋多样化，除漆木家具以外（图60），竹制家具和藤编家具（图 61）等也给人们带来了新的审美情趣。总之，在一个风起云涌的年代，民族的物质文化也日新月异，中国古代家具在承继传统和吸收外来营养的过程中，又焕发出了新的光彩，实现了新的历史价值。

图 59 北魏彩绘《人物故事图》漆屏风中的矮屏小榻（山西大同司马金龙墓出土）

图60 北魏彩绘《人物故事图》中的漆屏风（山西大同司马金龙墓出土）

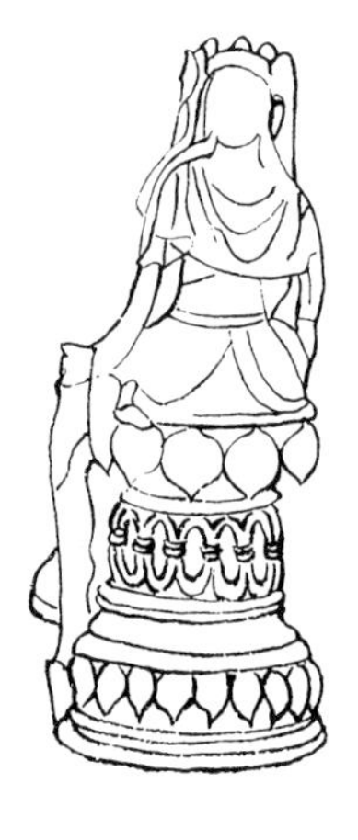

图61 北周菩萨坐藤墩

（二）文化内涵深邃的隋唐家具

隋朝前后 37 年，是一个十分短暂的时代，家具大多沿袭前代的形式（图 62）。1976 年 2 月，山东嘉祥英山脚下发现一座隋开皇四年（584 年）的壁画墓。[22] 在墓室北壁绘有一幅《徐侍郎夫妇宴享行乐图》，图中绘有山水屏风的漆木榻上，有足为直栅形的几案，以及供女主人身后背靠的腰鼓形隐囊等，与南北朝的家具一脉相承。

[22] 山东省博物馆：《山东嘉祥英山一号隋墓清理简报——隋代墓室壁画的首次发现》，《文物》，1981 年第 4 期。

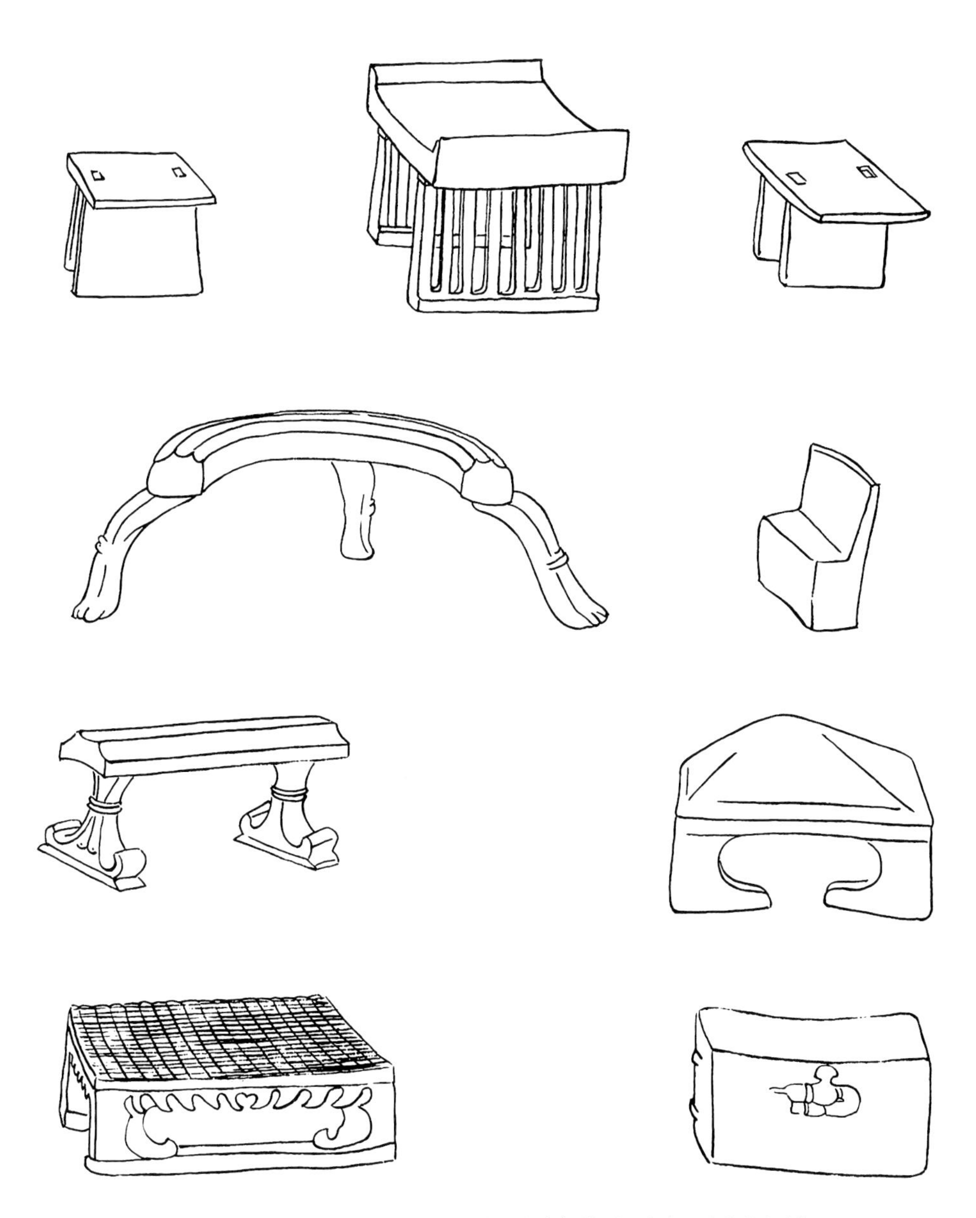

图 62 隋瓷凳、瓷凭几、瓷案、瓷榻和瓷柜等（河南安阳张盛墓出土）

图 63 唐《宫乐图》中的大漆案和腰圆形凳

图 64 唐三彩榻
（陕西富平李凤墓出土）

繁荣强盛的唐代，是中国封建社会又一次高度发展的时期，在手工业极其发达和社会文化高涨的大氛围中，时代精神蒸蒸日上，诗、文、书、画、乐、舞等，进入了空前发展的黄金时代。充满琴棋书画、歌舞升平的文化生活环境，也赋予唐代家具丰富的内涵。家具除了随着垂足而坐的生活方式开始出现各种椅子和高桌以外，在装饰工艺上兴起了追求高贵和华丽的风气（图 63、64）。

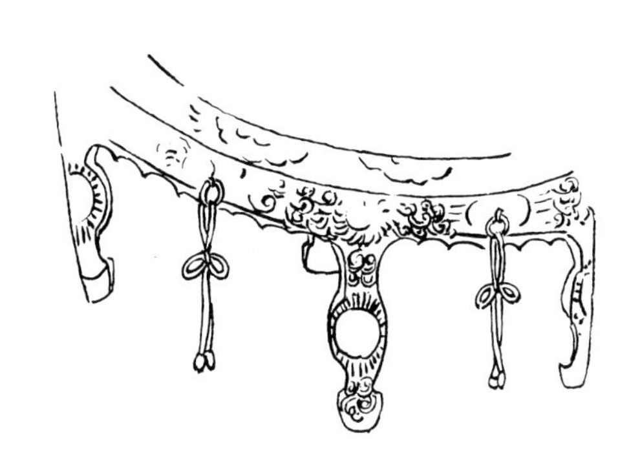

图 65 唐唐寅绘《纨扇仕女图》中坐凳上的花纹和挂件装饰

图 66 唐卢楞伽绘《六尊者像》中椅子上的花纹和挂件装饰

唐代具有时代特征的月牙凳和各种铺设锦垫的坐具，不仅漆饰艳丽，花纹精美，而且装饰金属环、流苏、排须等小挂件，格外显得五光十色，光彩夺目（图 65、66）。瑰丽多彩的大漆案以及各种具有强烈漆饰意味的家具，与当时富丽堂皇的室内环境取得了珠联璧合、和谐得体的艺术效果。这种家具的装饰化倾向，在各类高级屏风上更显得无与伦比，受到当时诗人们的歌咏和赞叹。“屏开金孔雀”，“金鹅屏风蜀山梦”，“织成步障银屏风，缀珠陷钿贴云母，五金七宝相玲珑”，以及“珠箔银屏逦迤开”等生动的描绘，为我们展现出了一幅幅金碧辉煌、珠光宝气的屏风景象。这些屏风象征着当时人们的审美理想，说明人们在追求金、银、云母、宝石等天然物质美的同时，还格外热衷于精神文化在家具中的体现。因此，唐代出现了许多高级的绢画屏风，如新疆吐鲁番阿斯塔那出土的唐代绢画屏，[23] 八扇一堂，绘画精致，色彩富丽堂皇。在唐代壁画墓中，还能见到仕女画屏风、山水屏风等，都具有很高的文学性和艺术性。据文献记载，这种画屏价值很高，当时“吴道玄屏风一片，值金二万，次者值一万五千；阎立德一扇值金一万”。[24] 如此昂贵的画屏价格，足以证明唐代家具在人们日常生活中所具有的重要地位。

[23] 李征：《新疆阿斯塔那三座唐墓出土珍贵绢画及文书等文物》，《文物》，1975 年第 10 期。

[24] 胡文彦：《中国历代家具》，黑龙江人民出版社，1988 年。

图 67 唐张萱绘《玄宗纳凉图》中的宝座

唐代是高形椅桌的起始时代，椅子和凳开始成为人们垂足而坐的主要坐具。唐代的椅子除扶手椅、圈椅、宝座(图67) 以外,又有不同材质的竹椅、漆木椅、树根椅、锦椅等（图68-70)。众多的品种、用材、工艺，充满着浓郁的时代气息。唐代高形的案桌，在敦煌 85 窟《屠房图》(图 71)、唐卢楞伽《六尊者像》(图 72) 中也有具体的形象资料,如粗木方案、

图 68 唐壁画中的椅子（唐天宝十五年高元珪墓出土）

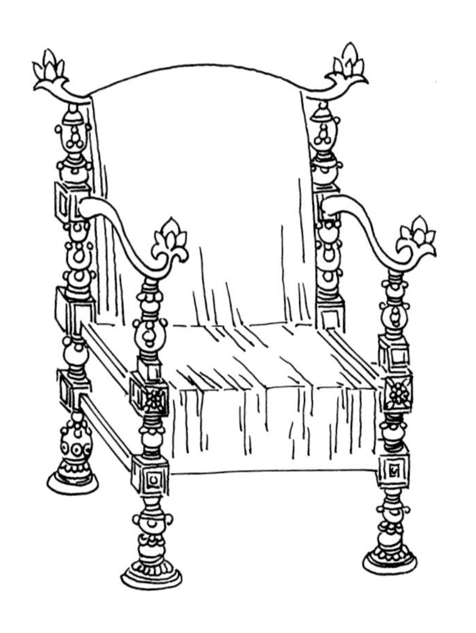

图 69 唐卢楞伽绘《六尊者像》中的宝座

图 70 唐阎立本绘《萧翼赚兰亭图》中的树根椅　　图 71 甘肃敦煌 85 窟北魏壁画《屠房图》中的唐代高形方桌

有束腰的供桌和书桌等。另外，唐代还出现了花几、脚凳子、长凳等新的品种。当然，唐代在一定程度上还未完全离开以床、榻为中心的起居生活方式，适应垂足而坐的高形家具仍属初制阶段，不仅品类的发展不平衡，形体构造上也依旧处于过渡状态。

图 72 唐卢楞伽绘《六尊者像》中的高几和竹椅

图 73 传五代顾闳中绘《韩熙载夜宴图》（局部）中的靠背椅

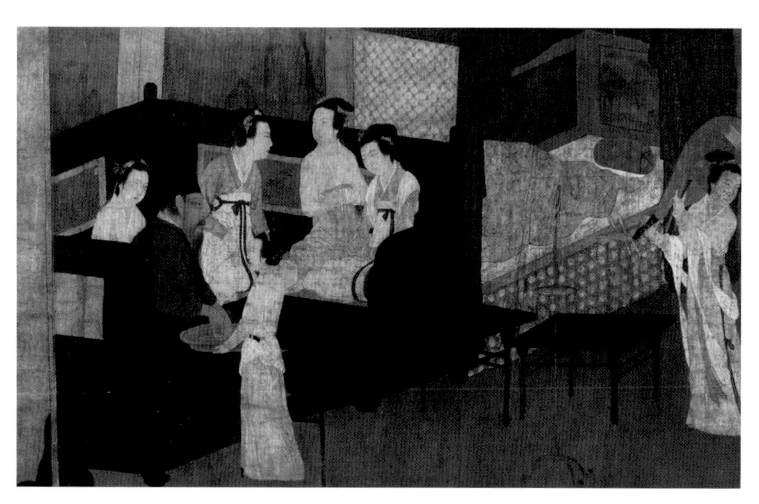

图 74 传五代顾闳中绘《韩熙载夜宴图》（局部）中的床、案

（三）形式新颖的五代家具

五代的家具，根据《韩熙载夜宴图》所绘的凳、椅、桌、几、榻、床、屏、座等看（图 73、74），已十分完善，但余辉先生在《收藏家》第 5 期撰文论述中认为，该画系南宋作品。尤其涉及家具器用时，说“椅子和几、屏、榻的样式分别在南宋赵伯驹（传）《汉宫图》册（台北故宫博物院藏）和……南宋诸图中，都可发现大致一体的样式”。画中的这些家具，究竟属五代还是南宋作品，确是很值得考证一番，这不仅为《韩熙载夜宴图》的创作年代提供论据，而且对中国古代家具的断代也有着重要的作用。

不过，我们从五代周文矩的《重屏会棋图》（图 75）和王齐翰的《勘书图》（图 76）中，都可以对五代时期的屏风、琴桌、扶手椅、木榻等家具的造型和特征获得深入的了解。当时，四足立柱式样与传统壶门构造的家具结构已经同时发挥出它们的造型作用，并在结构的转换中逐渐确立起自己的地位。

1975 年 4 月，江苏邗江蔡庄五代墓出土的木榻等家具实物，[25] 为我们提供了五代家具结构真实而具体的范

[25] 扬州博物馆《江苏邗江蔡庄五代墓情况简报》，《文物》，1980 年第 8 期。

图 75 五代周文矩绘《重屏会棋图》中的屏风、榻、高几、箱子等

图 76 五代王齐翰绘《勘书图》中的屏风、琴桌、扶手椅和书桌

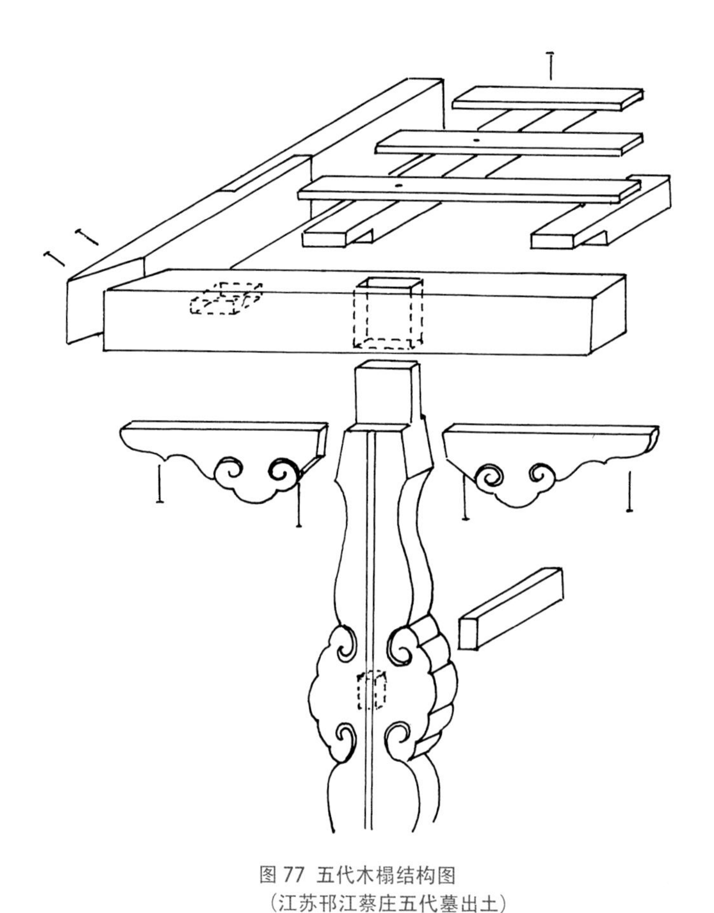

图 77 五代木榻结构图
（江苏邗江蔡庄五代墓出土）

例（图 77）。木榻长 188 厘米，宽 94 厘米，高 57 厘米。榻面采用长边短抹 45°格角接合，但没有格角榫出现，仅采用钉铁钉的做法构成框架。两长边中间排有七根托档。托档上平铺九根长约 180 厘米、宽 3 厘米、厚 1.5 厘米的木条，也用铁钉钉在托档上。托档与长边连接时，皆用暗半肩榫。木榻四腿以一平扁透榫与大边相接，并用楔钉榫加固。腿料扁方，中间起一凹线，从上至脚头的两侧，设计两组对称式的如意头云纹，富有强烈的装饰效果。两侧腿足间设有宽 4.2 厘米、厚 2.6 厘米的横档一根。腿足与两大边相交处设有云纹角牙一对，也是采用铁钉钉在大边上，只是与脚部相接处采用了斜边。同时出土的还有六足木几等家具。

这件木榻与五代绘画中的家具图像有着相同的时代特征，是五代家具难得的实物资料，在中国古代家具史上具有明确断代的价值。其中如意头云纹作装饰的扁腿，是富有鲜明传统特点的民族式样之一，它自隋唐一直延续到宋元，前后经历近千年的历史。明清家具中的如意云纹角牙，也都出于这一渊源。

图 78 宋张择端绘《清明上河图》（局部）中的各种家具

（四）“垂足而坐”的两宋家具

唐五代以后，宋代的经济与文化继往开来，使中国物质和精神的优秀传统得到了一次发扬。封建时代文明的丰硕成果，在两宋时代取得了更大的收获，增添了许多新的韵味。在传统的手工业部门，纺织和陶瓷都以最卓越的成就超过历史水平，中国古老的传统家具也焕发出一种崭新的时代精神，表现出新的生命力。

首先，经过魏晋南北朝和隋唐的长时间过渡，结束了“席坐”和“坐榻”的生活习惯，垂足而坐的生活方式在社会生活的各个领域里渐渐地相沿成俗，包括在茶肆、酒楼、店铺等各种活动场所，人们都已广泛普遍地采用桌子、椅凳、长案、高几、衣架、橱柜等高形家具，以满足垂足而坐生活的需要（图 78）。生活中原先与床榻密切关联的低矮型家具都相应地改变成新的规格和形式。如在河南禹县白沙宋墓一号墓西南壁的壁画中（图 79），宋代绘画《半闲秋兴图》中（图 80），都已把妇女们梳妆使用的镜台放到了桌子上。

图 79 宋壁画中的镜架、杌凳、衣架、盆架等
（河南禹县白沙宋墓出土）

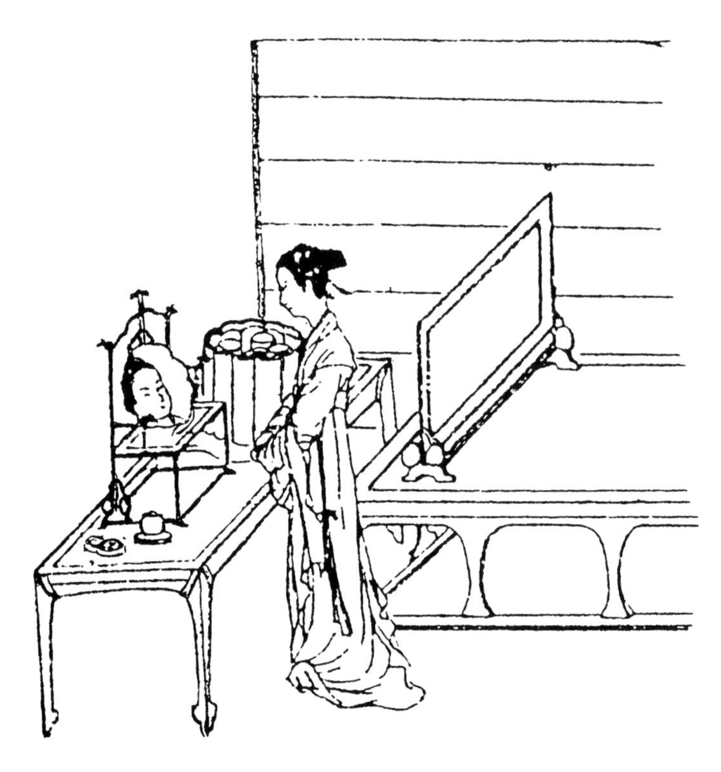

图 80 宋《半闲秋兴图》中的榻、枕屏、长桌、镜架等

陆游在《老学庵笔记》中也对这种情景作了记载。

1. 河北巨鹿出土的北宋桌椅

宋代垂足而坐的家具实物，有河北巨鹿出土的一桌一椅。木桌、木椅的背面都墨书“崇宁三年（1104 年），三月二□四□造一样桌子二只”字样，系北宋徽宗时代的民间实用家具。木桌桌面长 88 厘米，宽 66.5 厘米，高 85 厘米，桌子四足近似圆形，两横档与四竖档做成椭圆六面形，剑棱线。边抹夹角为 45°格角榫卯结合，比之五代木榻已有明显的进步。在边抹和角牙折角处都起有凹形线脚。木椅面宽 50 厘米，进深 54.6 厘米，通高 115.8 厘米，座高 60.8 厘米。椅子搭脑呈弓形，挖弯 6 厘米。椅面抹头与后长边不交接，分别与后腿直接接合，抹头与前长边采用 45°格角榫做法。座面面板两块拼合，端头与短抹落槽拼合，但与长边处只是平合拼接，尚未形成攒边做法。1976 年，我得到南京博物院的同意，将桌椅作了重新测绘，制成图纸，并画出效果图（**图 81、82**）。去年，为断定椅子踏脚档下有无角牙，再次查看了桌椅的残骸，并对桌椅的造型图样作了核定。

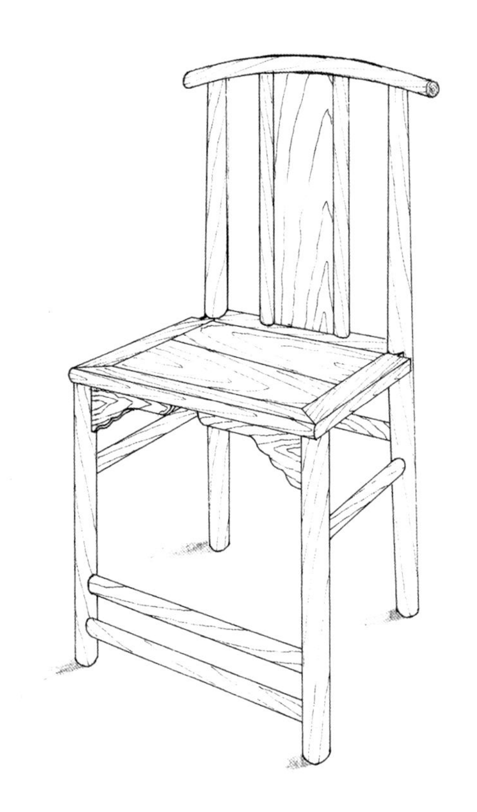

图 81 宋木椅（河北巨鹿出土）

图 82 宋木桌（河北巨鹿出土）

[26] 苏州博物馆、江阴文化馆:《江阴北宋“瑞昌县君”孙四娘子墓》,《文物》,1982 年第 12 期。

2. 江苏江阴出土的北宋桌椅

1980 年 12 月，江苏北宋“瑞昌县君”孙四娘子墓出土杉木质一桌一椅（图 83、84）。[26] 桌面正方形，边长 43 厘米，厚 3 厘米，桌高 47.6 厘米，腿足呈扁方形，与面框用长短榫相接。桌面面框宽 4.1 厘米，已采用 45° 格角榫接合。框内有托档两根，用闷榫连接。框边内侧有 0.2 厘米的斜口，与心板嵌合，心板厚 0.9 厘米。桌面下前后均饰牙角。木椅椅面宽 41.5 厘米，进深 40.5 厘米，厚 3 厘米，通高 66.2 厘米，座高 33 厘米。此椅前长边与左右面框采用 45° 格角榫，后长边与左右的面框不相交，直接同后腿相接，其构造方法与巨鹿出土的木椅大致相同，可能是北宋椅面结构的一种制作程式。面框横置托档一根，承托心板。框边内侧为 0.2 厘米的斜口，与厚 1.1 厘米的心板嵌合。足高 30 厘米，粗 4 厘米 ×4.1 厘米。前后左右设

图 83 宋木椅（江苏江阴孙四娘子墓出土）

图 84 宋木桌及桌腿部的侍俑
（江苏江阴孙四娘子墓出土）

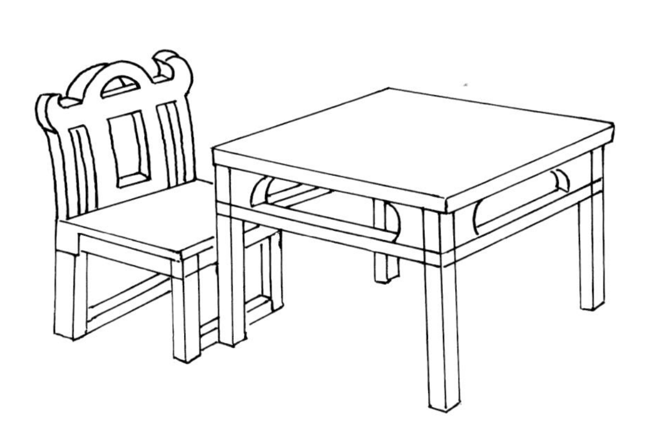

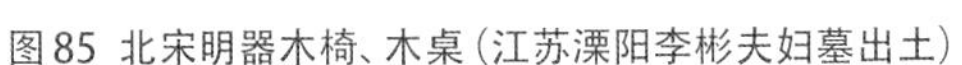

图 85 北宋明器木椅、木桌（江苏溧阳李彬夫妇墓出土）

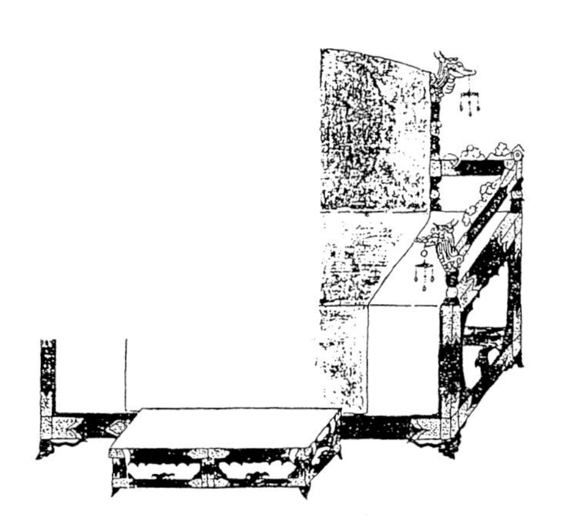

图 86 宋绘画中的宋太祖之宝座

步步高管脚档，前足面框下有角牙。此椅靠背仅在两腿间设一横木，作向后微弯状，上端所承如意形挑出的搭脑，形与唐椅搭脑相似，当是传统的承继关系。木桌四足与木椅后腿都分别钉有侍俑，它们有的手中持物，当另有含义。江苏溧阳竹箦李彬夫妇墓（北宋）还出土木制明器木椅和木长桌各一件（**图 85**），都是宋代家具珍贵的实物史料。

3. 两宋家具的成就和特点

关于两宋时代的家具，我们从大量的宋代绘画作品，发掘出土的墓室壁画、家具模型以及有关文献资料中不难看到，在形式上，它已几乎具备了明代家具的各种类型，如椅子，宋代已有灯挂式椅子、四出头的扶手椅、四不出头的扶手椅、似玫瑰椅的扶手椅、圈背椅子、禅椅、轿椅、交椅、躺椅等（**图 86-90**），一应俱全。虽然其工艺做法并未完备，但各种结构部件的组合方法和整体造型的框架式样，在吸收传统大木梁架的基础上业已形成，并且渐渐得到完善，如牙板、角牙、穿梢、矮柱、结子、镰把棍、霸王档、托泥、圈口、桥梁档、束腰等。从家具形体结构和造型特征上，我们还可以知道，宋代已采用硬木制造家具。如《宋会要辑稿》记载：开宝六年（973 年），两浙节度使钱惟濬进有“金棱七宝装乌木椅子、踏床子”等。乌木木质坚硬，为优质硬木，做成的椅子且作“七宝装”，足以说明当时江南制造硬木家具的水平。史籍记载的木工喻皓是江南地区一位杰出的能工巧匠，《五杂组》中誉他为“工巧盖世”，“宋三百年，一人耳”。传说他著有《木经》三卷，可惜没有流传下来。宋代的《燕几图》是我们现在见到的第一部家具专著，这种别致的燕几是适合上层社会贵族使用的一种组合家具。

从总体上看，宋代家具至少在以下三方面从传统中脱颖而出：一是构造上仿效中国古代建筑梁柱木架的构造方法，形体明显“侧脚”、“收分”，加强了家具形体向高度发展的强度和坚固性，并已综合采用各种榫卯接合来组成实体；二是在以漆饰工艺为基础的漆木

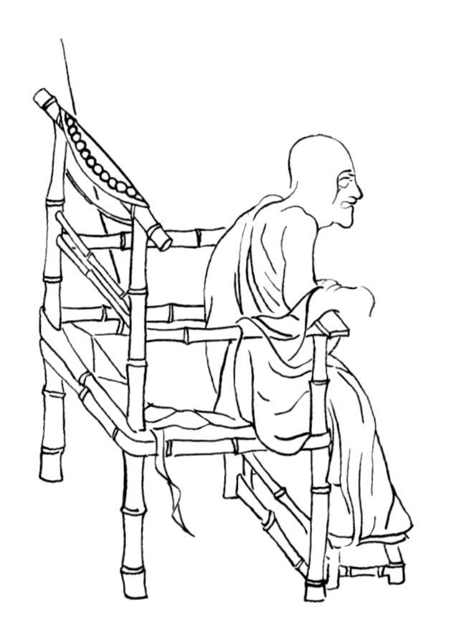

图 87 南宋《罗汉册》中的竹椅

图 88 甘肃敦煌 61 窟宋壁画中的四出头扶手椅

图 89 宋李嵩绘《仙筹增寿图》中的四不出头扶手椅

图 90 宋《折槛图》中的圈椅

家具中，开始重视木质材料的造型功能，出现了硬木家具制造工艺；三是椅桌成组的配置与日常生活、起居方式相适应（**图 91**），使家具更多地在注意实用功能的同时表现出家具的个性特征。宋代家具已为中国传统家具黄金时代的到来，打下了坚实的基础。

4. 两宋时期的辽金家具

辽金与两宋同处一个时代，我们从辽金的家具中同样能了解到当时家具工艺的许多特

图 91 南宋墓室石壁、石龛浮雕中的交椅和桌子（四川广元南宋嘉泰四年墓出土）

色。如内蒙古解放营子辽墓出土的木椅和木桌，[27] 河北宣化下八里辽金 M3 墓出土的木椅和木桌（图 92），[28] 大同金代阎德源墓出土的扶手椅、地桌、供桌、账桌、长桌、木榻等（图 93、94），[29] 无一不反映出它们与两宋的社会生活是相互融通的。出土的各种家具（图 95、96），有些是明器，工艺构造比较简单、粗糙，但基本结构造型与宋制并无多大差异。辽、金地区出土的两件床榻，虽表现出一定的地方特色（图 97、98），但时代性倾向大于地区性。解放营子辽墓木床的望柱栏杆和壶门等装饰方法，都与唐宋以来的传统相接近。从许多辽金墓室壁画的居室生活图像中，更能看到与两宋文化的密切关系，辽金的家具也反映着相同的文化倾向（图 99、100）。

[27] 翁牛特旗文化馆、昭乌达盟文物工作站：《内蒙古解放营子辽墓发掘简报》，《考古》，1979 年第 4 期。

[28] 张家口市文物事业管理所等：《河北宣化下八里辽金壁画墓》，《文物》，1990 年第 10 期。

[29] 大同市博物馆：《大同金代阎德源墓发掘简报》，《文物》，1978 年第 4 期。

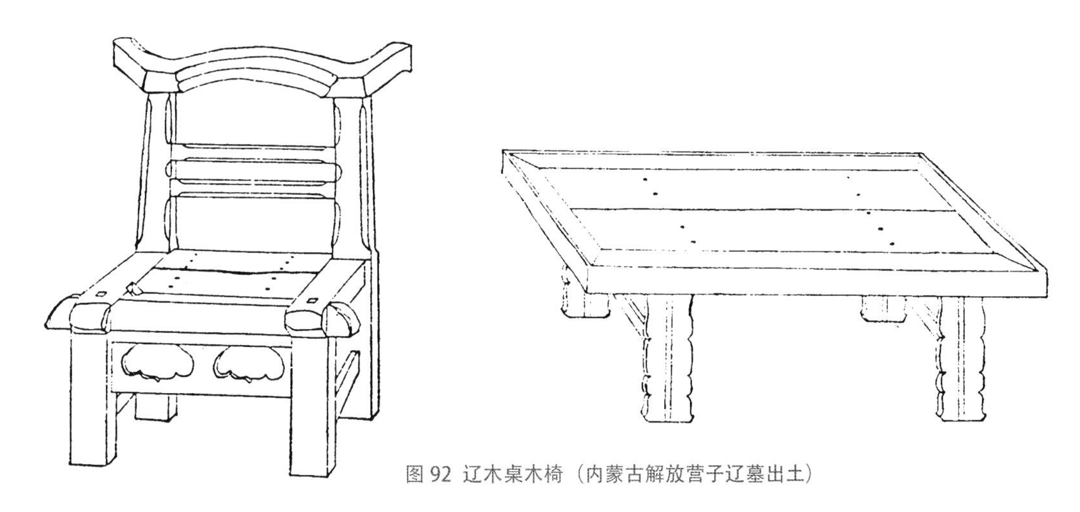

图 92 辽木桌木椅（内蒙古解放营子辽墓出土）

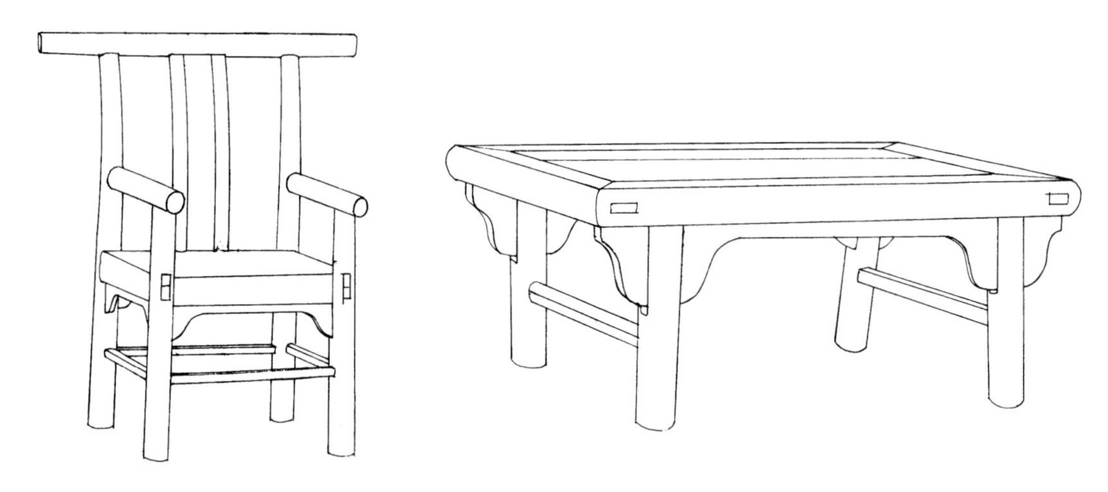

图 93 金木桌木椅（山西大同阎德源墓出土）

图 94 金木盆座架（山西大同阎德源墓出土）

图 95 辽壁画中的鼓墩（北京西郊古墓出土）

图 96 辽壁画中的衣架、屏风（山西大同十里铺古墓出土）

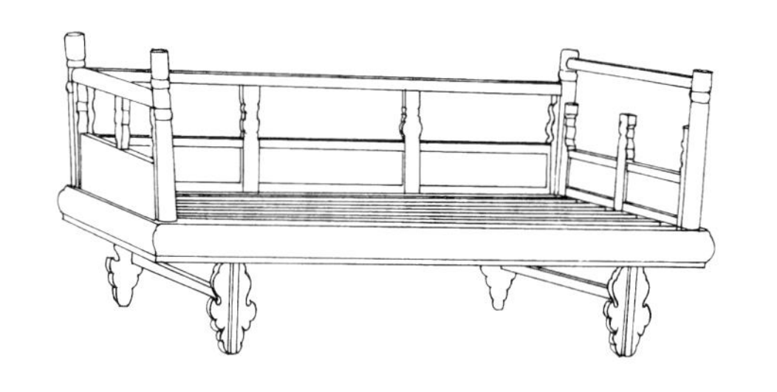

图 97 金木床（山西大同阎德源墓出土）

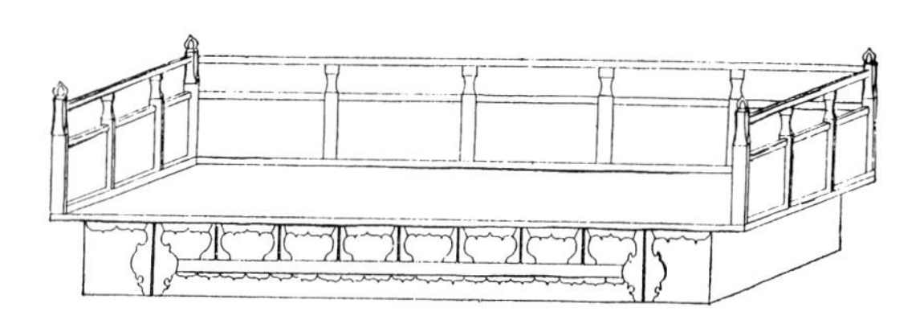

图 98 辽木床（内蒙古解放营子古墓出土）

图 99 、100 辽金壁画中的桌子（河北宣化下八里辽金二号墓出土）

（五）延续发展的元代家具

在元朝统治的 89 年间，中国古代家具依旧沿着两宋时期的轨迹，继续不断地发展和提高。家具的品种有床、榻、扶手椅、圈椅、交椅、屏风、方桌、长桌、供桌、案、圆凳、巾架、盆架等（图 101-103）。较有代表性的是元刘贯道绘《消夏图》（图 104）中的木榻、屏风、高桌、榻几和盆架等，与宋代家具一脉相承。山西大同冯道真墓壁画中的方桌，[30] 在保持宋代基本做法的同时，桌面相接处牙板膨出，体现了一种新的形体特征（图 105）。山西文水北峪口古墓壁画中的抽屉桌（图 106），在注重功能的同时又

[30] 山西大同市文物陈列馆、云冈文物管理所：《山西省大同市元代冯道真、王青墓清理简报》，《文物参考资料》，1962 年第 10 期。

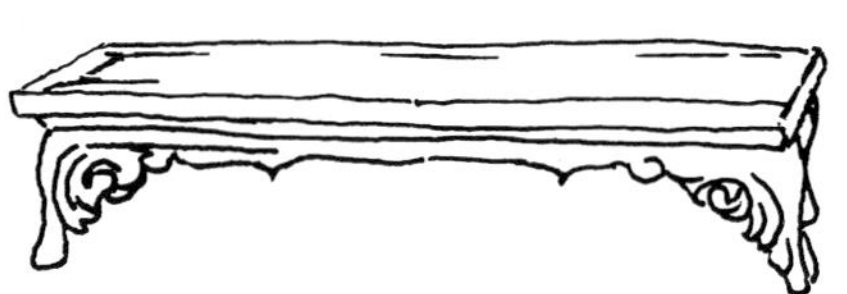
图 102 元木案
（山西大同东郊元李氏墓出土）

图 101 元刘元绘《梦苏小图》中的靠背椅

图 103 元木桌木案（山西大同王青墓出土）

图 104 元刘贯道绘《消夏图》中的屏、榻、方桌、书案、盆架等

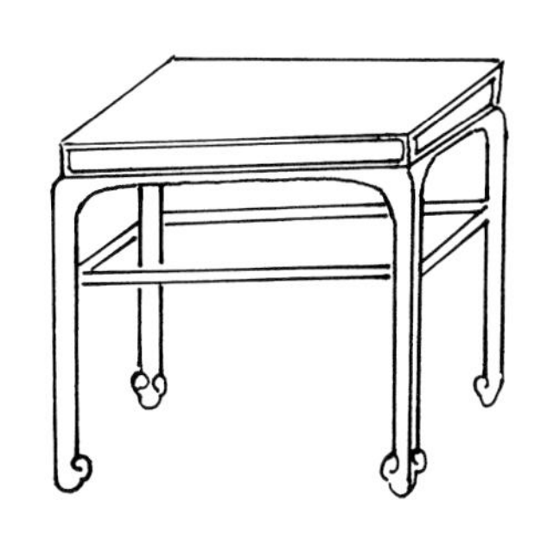

图 105 元方桌
（山西大同元冯道真墓出土）

图 106 元晚期古墓壁画中的抽屉桌（山西文水北裕口古墓出土）

图 107 元陶供桌（山西大同元王青墓出土）

对构造作了新的改进。在山西大同元代王青墓出土的陶供桌（图 107），[31] 以及大同东郊元代李氏崔莹墓出土的陶长桌上腿足膨出都很明显。这种被考古界称为“罗汉腿”的腿式，不仅是带有地方风格的形式，也是宋代以来普遍流行的一种新的造型式样。

在赤峰元宝山元墓壁画、[32] 元代山西永乐宫壁画以及以上一些元墓出土的明器中，家具的弯脚造法和花牙的部件结构更趋向成熟，如膨牙弯腿撇足坐凳（图 108），已达到极其完美的程度。

元代家具的木工工艺继两宋以后又取得新的成果。山西大同东郊元墓出土的两件陶质影屏明器，已是发展了的建筑小木作工艺的优秀体现（图 109），不管是部件结构的组成方式，还是装饰件的设计安排，都遵循木工制作高度科学性的要求，以合理的形式构造表达了人们对居室家具的审美观念。

[31] 山西大同市文物陈列馆、云冈文物管理所：《山西省大同市元代冯道真、王青墓清理简报》，《文物参考资料》，1962 年第 10 期。

[32] 项春松：《内蒙古赤峰市元宝山元代壁画墓》，《文物》，1983 年第 4 期。

图 108 元壁画中的圆凳（内蒙古赤峰元宝山古墓出土）

图 109 元陶影屏（山西大同东郊李氏崔莹墓出土）

三　明代家具和清代家具

（一）明代家具的历史条件

宋元以后，中国社会仍然延续着千年以来的封建统治制度。明朝结束元代异族政权之后，经过几十年的恢复，走上了全面发展的道路。至明代中叶，举国上下出现了空前繁华的景象，特别是活跃的城市经济和星罗棋布的工商业集镇，促使中国的历史进入了一种新的社会形态，产生出许多新的活力。手工业的高速发展，文化艺术的复兴和昌盛,使人们在物质生活和精神生活上得到了很大的满足。在这种前提下，明代在衣、食、住、用等各个领域里，出现了种种不寻常的文化现象，明代的家具，也在发展中取得了巨大的成就。

当时，各地区家具业的生产都非常兴旺发达。根据有关文献记载，被称为六大古都之一的南京，木器行业大多集中在市内应天府街之南的纱库街，应天府街之北又有木匠营，生产和经营盛况空前。[33] 明代河南的省城开封，在五胜角大街的路西，“俱是做妆奁、床帐、桌椅、木器等物”的店铺，[34] 在城隍庙的东南角门外,也全是卖桌椅、床、凳、衣盆、木箱、衣箱、头面小箱、壁柜、书橱等木器的市场。[35] 在全国最富庶的江南苏州地区，不仅木作、漆作行业兴旺，而且出现了一批专做硬木家具的小木作行业。店铺内不仅生产出售各种硬木家具，店主还常常根据用户的要求到顾客家中加工制造。[36]

（二）明墓出土的家具资料

明代家具各方面的资料比以前任何时代都要丰富。因此，无论是明代家具的各种品类，还是各个不同阶段的工艺水平和造型特征,我们都能得到比较详细和深入的了解。1970 至 1971 年，山东鲁王朱檀墓出土的明洪武二十二年（1389 年）的各种家具，[37] 使我们清楚地看到宋元后进

[33]［34]［35] 韩大成 :《明代城市研究》第二章，中国人民大学出版社，1991 年。

[36] 冯梦龙 :《醒世恒言》第 20 卷。

[37] 山东省博物馆 :《发掘明朱檀墓纪实》,《文物》，1972 年第 5 期。

入明代初期时中国传统家具的大致面貌，以及当时贵族阶层居室生活的大体情况。该墓出土的实用红漆翘首供桌(图110)、木制半桌和石面半桌等，其特征与宋代桌案十分相似。简单质朴的形体结构，粗疏单纯的线脚，以及两侧不交接的牙角装饰手法，都是宋元至明代早期桌案类家具的常见做法。现藏英国维多利亚艾尔伯特美术馆的剔红三屉供桌（图111），除采用精致的红雕漆工艺以外，造型的基本特征与朱檀墓出土的半桌十分相似。根据刻款可知，它是明宣德（1426－1435年）年间的产品，两者时代接近，风格也相同,都是明代早期实用家具不可多得的珍贵资料。

山东鲁王朱檀墓中还出土了凳、衣架、面盆架、巾架、床和屏风等家具模型。床的形式与南宋绘画中的榻非常相像（图112），围栏后背中央高出若许，与明代中晚期的造法不同，尤其是挂帐的幔架另置，保持了传统早期的形式（图113）。与山西襄汾县古墓出土的明洪武（1368－1398年）床（图114）联系起来看，不难发现，明代早期至少在北方地区尚未流行架子床。该木床的栏柱作方形，柱头刻葫芦宝顶，栏杆作八楞条杆，左右与后栏有矮柱和结子，结子雕出荷叶状，栏架结构，均保持着宋元以来的建筑装修手法。

以上只是反映了明代初期家具的大体情况，到16世纪,明代家具又得到了进一步的发展,产品增多,形式丰富。从考古出土明嘉靖（1522－1566年）和万历（1573－1620年）年间的陶制、石制、木制模型来看，仅家具的品类就有方桌、长方桌、供桌，有天然几、香几，有靠背椅、交椅、圈椅、扶手椅和宝座（图115）、凳子，有衣架、脸盆架、巾架、火盆架，有屏风、踏凳、箱、柜、橱（图116），有架子床、踏步床，品种不少于数十种（图117）。其中以上海卢湾潘允徵墓出土的木家具和苏州虎丘王锡爵夫妇合葬墓出土的木家具模型最典型。前者是明万历十七年（1589年），[38] 后者是明万历四十一年（1613年）。[39] 后者出土时，家

[38] 上海市文物保管委员会：《上海市卢湾区明潘氏墓发掘简报》，《考古》，1961年第8期。
[39] 苏州市博物馆：《苏州虎丘王锡爵墓清理记略》，《文物》，1975年第3期。

图 110 明翘首供桌（山东鲁王朱檀墓出土）

图 111 明宣德剔红三屉供桌（英国维多利亚艾尔伯特美术馆藏）

图 112 传宋李公麟绘《维摩演教图》中的榻

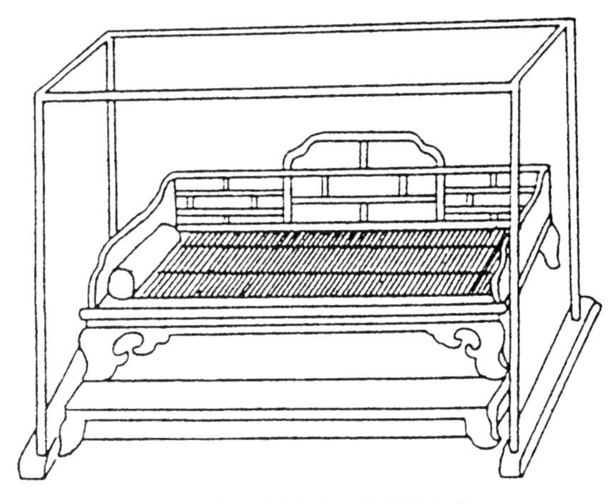

图 113 明木床（山东鲁王朱檀墓出土）

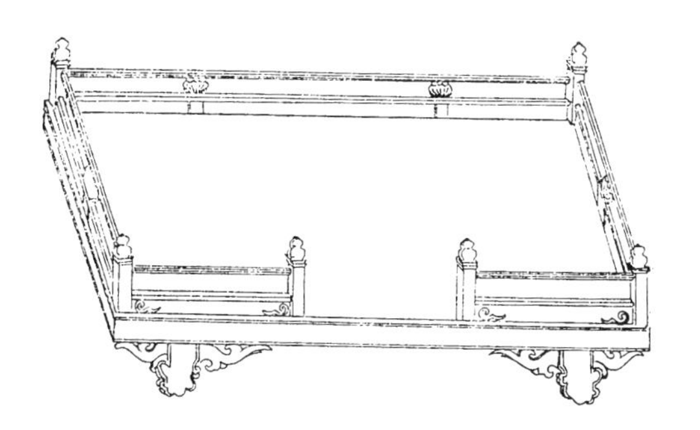

图 114 明洪武木床（山西襄汾永固明墓出土）

图 115 明石宝座（北京董四村明二号墓出土）

图 116 明陶制家具模型（江西南城明嘉靖益庄王墓出土）

图 117 明嘉靖锡制架子床（福建福州通议大夫兵部右侍郎兼都察院左佥都御史张海墓出土）

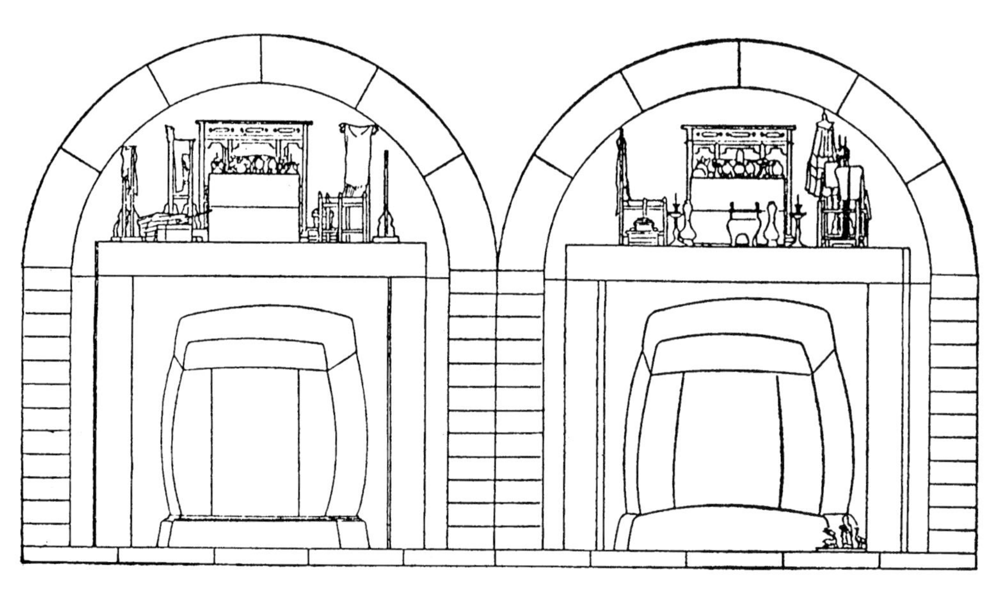

图 118 明万历殉葬家具模型（江苏苏州虎丘王锡爵夫妇合葬墓出土）

具模型原封不动地安放在棺椁上，未经扰乱（图 118）。这许许多多不同品种和形式的家具模型，无疑是当时现实生活中家具以及居室内部陈置的缩影，它们都对研究明代中叶的家具有着极其重要的参考价值。

(三）明代的漆饰家具

按不同的用材和工艺，明代家具可分传统的漆饰家具和新颖的硬木家具，以及采用竹藤、山柳等制作的民间家具，还有用陶、瓷、石料等制作的家具。明代的漆饰家具和各类五光十色的漆器，正如漆艺名家杨明在《髹饰录》一书的序文中概括和评述的："今之工法，以唐为古格，以宋元为通法，又出国朝厂工之始，制者殊多，是为新式，于此千文万华，纷然不可胜识矣。"如剔红，即红雕漆，自宋元以来，以此作法用于家具，可能属明代最早。现在我们所知道刻有确切年代铭款的，除上述宣德的剔红供桌外，还有剔红文椅和榻凳，只可惜很早就流落到国外。国内最早的有宣德时期的戗金细钩漆龙纹方角双门橱（图 119），现藏北京故宫博物院。这种被称为雕填的工艺，比单纯填漆的漆家具更加华丽。

图 119 明宣德戗金细钩漆龙纹方角双门橱（故宫博物院藏）

明万历时的漆饰家具有黑漆螺钿沙地描金龙纹架格、黑漆描金药柜（图120）、黑漆嵌螺钿彩绘描金云龙纹平头案（图121）等传世实物，以上均是北京故宫博物院珍藏的文物。另外，还有未作刻铭落款的各种漆家具，如藏于中国历史博物馆的楠木透雕彩漆宝座（图122），台北故宫博物院的剔犀卷云纹炕几，南京博物院的黑漆嵌螺钿园林仕女图屏风（图123），安徽博物馆的黑漆款彩楼阁园林屏风，以及北京故宫博物院的黑漆嵌螺钿花蝶纹罗汉床（图124）、

图120 明万历黑漆描金药柜
（故宫博物院藏）

黑漆嵌螺钿园林仕女图屏风、戗金细钩填漆春凳等。这些有款或无款的明代漆家具，不仅在描金、螺钿、镶嵌、款彩等髹饰工艺和表现手法上，奇巧精妙的程度令人赞绝，而且家具造型之古朴，色调之高雅，纹样之得体，都达到了尽善尽美的程度。所以，我们可以得出一个结论：明代的漆饰家具将中国几千年以来的漆木家具发展到了历史的一个高峰。这些主要供明代统治阶层使用的各种精美华贵的漆家具，在明代家具中占有重要的地位。明人编的《天水

图 121 明黑漆嵌螺钿彩绘描金云龙纹平头案
（故宫博物院藏）

冰山录》是 1565 年严嵩之子严世蕃获罪后的一本抄家账，其中记载有大理石及金漆等屏风 389 件，大理石、嵌螺钿等各种床 657 张，7444 件桌椅，橱柜、凳、杌、几架、脚凳等家具中绝大多数也是漆饰家具。另外，从明何士晋汇辑的《工部厂库须知》卷九所载万历十二年（1584 年），宫中传造龙床等 40 件的工料费用，耗资高达白银 32601 之巨的情况来看，也是极其精致的各种漆饰龙床。就是在广大城市乡村民间，同样也以形形色色的漆家具为主流。

由于历史的原因，明代漆家具实物流传至今的仍属少数，有待人们进一步发掘和整理。

图 122 明楠木透雕彩漆宝座（中国历史博物馆藏）

图 123 明黑漆嵌螺钿园林仕女图屏风（南京博物院藏）

图 124 明黑漆嵌螺钿花蝶纹罗汉床
（故宫博物院藏）

（四）明代的硬木家具

明代中叶以后，在以苏州为中心的江南地区，除漆饰家具外，出现了以花梨木、紫檀木、鸂鶒木等优质木材为主要用材的硬木家具，包括楠木、榉木、榆树等制的家具，并迅速地发展成为中国传统家具史上的又一高峰。这种家具特别受到当时士大夫文人阶层的提倡和青睐，形成了一种特有的文人气息和艺术风格，为中国传统家具建立了一座伟大的历史丰碑。这种高级硬木家具，也就是至今受到国内外学术界一致赞赏的明式家具。这类家具一直延续到清代早期，它在将近 200 年的时间里，形成了中国传统家具史上的黄金时代。

（五）明代的竹制家具

明代的竹家具很少被人们注意，加上竹制品的牢固性不强，更多的只是在民间流传和使用，故传世实物极为稀少。然而，在明代的家具生产中，竹家具占有一定的地位。中国古代早就盛产竹子，尤其是在南方广大地区，人们就地取材，利用丰富的自然资源，制成别具一格的竹家具。其中，以斑竹所制家具最贵重（图 125）。北京智化寺藏有明代斑竹茶几一件，确是十分罕见。据文献记载，江苏苏州、福建泉州、湖南益阳等地皆是明代竹家具的重要产地。

图 125 明万历年间刻刊《玉簪记》版画插图中的竹椅

（六）清代的早期家具

清代为满人贵族统治，为了能达到长久维持的目的，他们在政策上以“抑其道器，扬其文词”对待汉人，同时，在社会生活中，尽快建立繁荣的经济来满足各阶层追求物质享受的需要。清代早期的半个世纪里，清廷仰仗恢复和发展明代优秀传统，家具继续保持着明代的一贯做法，并且不断有所改进和提高。如漆家具中的清康熙黑漆嵌螺钿山水人物纹平头案（图 126）、黑漆嵌螺钿椅、紃色地戗金细钩填漆龙纹梅花式香几和清雍正紫漆描金罗汉床等，都

图 126 清康熙黑漆嵌螺钿山水人物纹平头案

可以用来说明这一沿革的情况。这一时期生产的硬木高级家具，对材料的选用和形体的比例更加讲究，造型更加精致，技艺也更加精巧，流传下来的不少明式家具精品，许多是这一时期生产的。

随着所谓“雍、乾”盛世的到来，家具和其他工艺美术一样，因清朝帝王的爱好，很快出现了一股追逐荣华繁缛、绚丽纤巧的作风，加上在商业贸易中发迹起家的巨富豪商们的审美意趣，以及西方文化的不断影响，清代家具主要表现出一种形体庞大、工艺奇巧、色泽艳丽的艺术风格。从此，清代家具形成了一种有别于“明式”传统的清式家具。

（七）清代的宫廷家具

清代家具中，最出色的是宫廷家具。据朱家溍先生对雍正年间宫廷家具制造情况的介绍，[40] 当时宫廷制作的家具在品种上就有套桌、膳桌、饭桌、琴桌、书桌、小桌、条桌、图塞尔根桌、炕桌、香几、春凳、杌子、宝座、地平、百步灯、栏杆床、架子床、闲余架、衣服格子、玩器木格、书格、坐几、西洋柜、竖柜、衣架、插屏、炕屏、围屏、穿衣镜、底灯、玻璃灯、帽架、托床等三四十种；

[40] 朱家溍：《雍正年的家具制造考》，《故宫博物院院刊》，1985 年第 3、4 期。

造型的形式有叠落式、如意式、转板式、折叠式、硬楞式、圆梃式、半出腿式、竹式、抽长式、一封书式、集锦式等;工艺手法漆饰有罩油、罩漆、黑退光、红漆面、黑漆面、填漆、黑地彩漆、菠萝漆、洋漆、仿洋漆、填香，还有包镶、接腿、镶竹等;装饰有边腿、雕“寿”字、银母镶嵌花边、黄蜡石面、乌拉石面、楠木心嵌银母如意花、椴木雕卧蚕腿、雕如意云腿、笔管栏杆、象牙牙子、香色彩漆油面、玳瑁“寿”字、镶玻璃、八仙祝寿、玻璃面内衬郎世宁画、冰裂纹、掐丝珐琅等；造办处木作选用的木材有榆木、沉香木、楠木、紫檀木、花梨木、红豆木（即红木）、鸂鶒木、高丽木等，名目之庞杂，花样之繁多，远远超过任何一个历史时期。

清代宫廷中的漆家具，仍以雕漆、描金、螺钿、填漆最常见。各种工艺的漆制家具色彩绚丽，纹饰华美，如描金漆饰家具，多以山水、人物、花卉为题材，具有斑斓瑰丽的艺术效果。最华贵富丽的雕漆家具，又以吉祥图案为装饰主题，刀法深锐，花纹与雕刻手法均严整细密，无论在中国家具史上，还是在中国漆器工艺史上，都是不可多得的杰作。现藏北京故宫博物院的云龙纹剔红宝座（图 127），就是一件十分珍贵的艺术品。该宝座长 231 厘米，宽 125 厘米，面高 49.5 厘米，背高 59.5 厘米。被英国伦敦维多利亚艾尔伯特博物馆收藏的雕红漆宝座，也是一件不可多得的珍品。另外，还有乾隆剔彩大吉宝案，剔红山水人物小柜，剔红香几，剔红龙纹条桌、剔红缠枝莲纹半圆炕桌，以及各种剔彩博古插屏等。许多综合运用多种工艺手法制造的高级家具，都充分地展示着清代宫廷家具的卓越水平。如楠木包镶竹丝茶几、紫檀嵌剔红宝座、紫漆彩绘镶斑竹炕几、紫檀嵌裱云龙纹缂丝宝座、紫檀镶桦木嵌粉彩瓷片椅、乌木嵌粉彩瓷片罗汉床、紫檀嵌玉小宝座、杉木包镶竹黄画

图 127 清雍正云龙纹剔红宝座
（故宫博物院藏）

案、黄花梨嵌鸂鶒木象牙山水屏风宝座、剔红百宝嵌屏风宝座等。[41]对照故宫现藏家具情况，不少是根据清代皇室的特殊需要由造办处专门制造的，很多具有明显的异族风采。北京故宫还收藏三把鹿角椅（图 128），均为清代乾隆年间所制造，充分地体现了清朝统治者标榜能骑善射、骁勇豪放的精神。他们将围猎所得的鹿角做成椅子，借以炫耀自己的威武和力量。

图 128 清乾隆鹿角椅
（故宫博物院藏）

（八）清代家具的兴盛和衰退

在日常居家生活中，清代家具除一部分仍采用漆家具外，已越来越多地采用各种木家具，民间多用杂木制造。硬木家具除明代以来采用的各种优质木材以外，大量选用原料充足的红木，在实用功能上则普遍要求桌子多安抽屉，立柜多加搁板和抽屉，这成了清代后期家具的一个重要特色。同时更注重家具的陈设功能。在坐具中，最典型而富有个性特征的是太师椅，形式变化多样，制造工艺讲究，还有各种圆形家具，都以醒目突出的造型与清代厅堂的摆设协调统一。

清代家具的广泛发展，使全国形成了不少重点产区，如苏州、南京、扬州、宁波、徽州、福州、广州、上海以及山西、河北、陕西、四川等地区。许多产地在长期生产中形成了鲜明的地方风格。

鸦片战争后，中国沦为半封建半殖民地社会，经济和文化的性质也发生了重大变化。清代家具进一步出现西化倾向，各种西方家具还成了市民追求的新异物品。到这一时期，清代家具也就完全失去了它原先的光彩。

[41] 中国美术全集编辑委员会：《中国美术全集·工艺美术编·竹木牙角器》，文物出版社，1987 年。

四　明式家具和清式家具

（一）明式家具的概念和由来

明式家具和清式家具，是明清家具发展过程中两个不同阶段的两类典型。明式家具是指明代中叶至清代初期生产的以花梨木、紫檀木、鸂鶒木、铁力木、红木等优质硬木为主要用材的家具，也包括采用楠木、榉木、榆木、柞楨木等制造的优秀家具。由明入清，前后约200多年，因其产生、形成和主要生产的时期是在明代，故被人们称为“明式”。

明式家具产生于苏州为中心的江南地区。[42]除了经济、物质等各方面条件之外，其形成的主要原因有以下几个方面：首先是大批园林的兴建，促使苏州地区家具制造业高速发展。江南园林大多是由文人直接或间接参与设计和兴建的私家庭园，故常常具有简约、疏朗、雅致、天然的特色。这种富有浓郁文化气息的江南宅园，在中国园林史上被称为“文人园林”。[43] 文人园林建筑物内所使用的家具，也同样会受到文人的重视。明末“冠冕吴趋”的贵介子弟文震亨在《长物志》中就充分地总结了这种文人与造园、文人与家具的关系。该书除了“把文人的雅逸作为园林总体规划，直到细部处理的最高指导原则”[44] 之外，对宅院中不可缺少的家具同样依据文人的审美情趣和爱好，一一作了详细的评说和介绍。如文人用的书桌，提倡“取中心阔大，四周和边阔仅半寸许，足稍矮而细”的形制，认为“狭长混角”的俗气，而“漆者尤俗”，故而断不可用。又如椅子，以“乌木镶大理石者，最称贵重”，且“宜矮不宜高，宜阔不宜狭”。对家具木材的选用，文震亨提出要用“花梨、铁梨（力）、香楠等”花纹自然的“文木”；家具的装饰只能“略雕云头、如意之类，不可雕龙凤花草诸俗式”，认为“施金漆”的更是“俗不堪用”。文震亨对家具的种种主张和观点，充分反映了明末时期文人对家具的

[42]濮安国:《论“明式”与“苏式”家具》,《南艺学报》, 1982年第1期。

[43] [44] 周维权：《中国古典园林史》，清华大学出版社，1990年。

审美观，对明式家具品质的提高具有直接的指导意义。

在《长物志》序文中，文震亨对家具的设计和陈设的原则更有一段极其精辟的论述，他说："几榻有度，器具有式，位置有定，贵在精而便，简而裁，巧而自然。"在"家具"卷首，对这一原则又作了详细注释。他阐述说：古人制作几榻家具时，并无一定的长宽标准，但将它们布置在书斋或房间里，却总是显得那样的古雅和讨人喜欢，或坐或躺，无处不尽如人意。人们在此休闲，谈古说今，鉴赏书画，陈设三代铜器，或饮食，或稍睡片刻，这一切都会感到十分舒适。因此，家具不能一味采用雕刻、漆绘等装饰技法，那样只是讨好普通人的口味。显而易见，明式家具的形成和发展与当时文人的审美情趣和创造是分不开的。所以，明式家具从某种意义上也可说是"文人家具"。

据徐沁《明画录》著录，明代画家有 800 余人，而苏州一地即占 150 余人，松（江）、常（熟）、太（仓）三地可纳入吴门画派的也有一百五六十人。可见，当时苏、常、太地区吴门画派声势之大，影响之广，在中国古代绘画史上是空前的。吴门画派系文人画之正宗，特别崇尚所谓高隐、脱俗，他们寄情山水，怡然自在;他们主张诗、书、画、印皆为一体，画风追求宁静、潇洒、高远的意境。吴门画派的这种文化意识，对当时吴地的家具生产更是起着特殊的作用，如他们在所做的坐具铭、书案铭中，常借物抒情，视家具为抒发情怀的园地。现藏于宁波天一阁的一对长案云石石面上，竟刻有吴地明清文人大家的题记七八处，且大多是吴、松两地的高才名流。"数笔元晖水墨痕，眼前历历五洲村。云山烟树模糊里，梦魂经行古石门"。"群山出没白云中，烟树参差淡又浓。真意无穷看不厌，天边似有两三峰"。"云过郊区曙色分，乱山元气碧氤氲。白云满案从舒卷，难道不堪持寄君"。

这些出自顾大典、莫是龙、张凤翼等大家的题款刻铭是真是假，在这里暂不深究，但从中不难看出，云石之"诗情画意"，书画家之笔墨，大大提高了这对条案的品位，使之更加清雅、脱俗。

（二）明式家具的艺术风格

明式家具中有一种称为"文椅"的扶手椅，[45] 集中地体现了明式家具的风格和特色。其委婉的造型，匀称的比例，清秀的线条，充分地表现出了明式家具的文化内涵和文人气质，而这种内涵和气质，乃是明式家具的精粹和灵魂。

明式家具的造型简洁、质朴，不仅富有流畅、隽永的线条美，还给人以含蓄、高雅的意蕴美。明式家具以结构部件为装饰部件，不事雕琢，不加虚饰，充分地反映了天

[45] 濮安国：《明式家具二题议》，1991 年北京明式家具国际学术研讨会，载美国《中国古典家具学会季刊》，1992 年第 1 期。

然材质的自然美；精练、明快的形式构造和科学合理的榫卯工艺，又使人们产生了耐人寻味的结构美。所以，明式家具无愧为明清家具中的精华，在中国古代家具史上赢得了至高无上的地位（**图 129-132**）。

图 129 明式老花梨木平头案

图 130 明式鸂鶒木文椅

图 131 明式鸂鶒木双人座玫瑰椅

图 132 明式老花梨木圆角书橱

图 133 清式紫檀木画案

(三) 清式家具的概念和艺术特色

继明式家具之后，在中国传统家具史上别开生面的就是清式家具。所谓“清式”，是指清代雍正、乾隆之后制作的以优质硬木家具为代表的艺术风格。它一反明式家具质朴、典雅、文秀的书卷气息，代之以绚丽、豪华、繁缛的富贵气派（图 133-136）。

由此可见，明式家具注重于实用、舒适，色泽协调沉静，圆顺的体质经过打磨髹饰以后，不仅锃莹明亮，而且手感特别柔美。清式家具则较多注重陈设效果，整体造型厚重，体形庞大，色彩强烈，并常常采用各种工艺手法，强调形体的装饰美。多种材料的镶嵌，精细繁缛的雕刻，突出地表现了传统家具的工巧美，但娴熟的传统技艺，迎合了当时夸张的审美趣味，到清代晚期时，更加一发而不可收。过度的堆砌和人为的雕琢，使许多家具显得特别繁琐；财力不济而粗制滥造，更使家具走向了物质功能要求的反面。最后，将创新精神局限于外在形式感的清式家具画上了一个华而不实的句号。

图 134 清式紫檀木太师椅

图 135 清紫檀边菠萝漆面独挺圆转桌
（故宫博物院藏）

图 136 清式紫檀木古董橱

第二章

红木家具的
产生、发展及类别

一　家具用材与家具文化

（一）从漆饰家具到硬木家具

从古到今，中国传统家具的用材几乎都以木材为原料。在几千年的历史长河中，从原始时期一直到明清，古代的家具主要是漆家具，它和历朝历代的漆器一样，在中国古代物质文化史上写下了辉煌灿烂的篇章；但这些珍贵的漆家具与其他各类漆器又有不同之处。一般说来，漆器的胎骨多种多样，有夹纻胎、脱胎、木胎、竹胎、皮胎、窑胎、金属胎等，而漆家具几乎只采用木胎，是在家具木质的外表上施加各种髹饰工艺制成的，所以古代的漆家具又被称为"漆木家具"。

中国古代传统家具之所以始终以木材为主要用材，除了木材可制成体质坚实、牢固的家具实体以外，一个重要的原因是，它与中国古代建筑在文化渊源上有着密切的关系。在古人的意识中,家具与建筑是不可分割的一个整体。正像民间俗语所说,家具是"屋肚肠"，建筑在表，家具在内，它们共同为满足人们日常居室生活的要求和实现人们追求的特定环境服务。因此，在长达几千年的历史发展过程中，中国古代家具与中国古代建筑总是保持着高度的一致性。人们运用建筑的木材加工制造家具，既经济合理，又顺当方便，同时，两者在造物的民族观念和传统意匠方面也始终相互融洽。汉代《三礼图》中，就将建筑和家具作为封建王朝的一种基本规制。

中国古代建筑，自始至终没有离开过木结构，技术的应用，艺术的表达，都以"木架结构"为主题。古代家具虽表面作髹饰，但在技术和艺术上也都体现着这种相同的文化属性，表现出一种相应的文化现象。

两宋时期是"中国建筑的又一个新的发展阶段，并形成了一个新的高潮"。宋代建筑比唐代建筑更"富于变化"，并"出现了各种复杂形式的殿阁楼台"，在装修和装饰方面，都"增加了建筑的艺术效果"，"提高了建筑技术的细致精巧水平"。[1] 这一时期，中国古代居室生活也正发生着重大变革，垂足而坐的方式逐渐形成，并得到了普遍流行，于是宋代家具在直接吸收两宋建筑"大木梁架结构"的做法中,运用宋代发达的小木作制造工艺，很快地使宋代家具完成了向高形形体的过渡。于是，确立了框架结构的形体式样，替代了隋唐以来沿用的箱形、台座壶门式结构。

此时，人们对中国古代家具的漆饰传统也开始产生了观念上的变化。宋代家具运用线脚作装饰，增强了家具体质的形式感。家具木材的天然本色和木质纹理，引起了人们新的兴趣和爱好。到了明代，采用各种硬木直接加工制

[1] 刘敦桢主编：《中国古代建筑史》，中国建筑工业出版社，1980 年。

图 137 明榉木灯挂椅

图 138 明榉木文椅

作家具的风气广泛盛行，用材越来越讲究，工艺越来越精致。从此，古代木家具在区别于漆家具的过程中，形成了一种崭新的类型。

（二）榉木家具对家具文化的开拓

在长江中下游的江南地区，民间就地取材，选用当地盛产的榉树为家具的用材，大量制造供人们日常生活使用的榉木家具（图 137、138），给中国传统家具带来了一次开创的机遇。榉木，江南人书写成“椐木”，木材质地坚硬，色泽明丽，花纹优美。尤其是树龄久长、粗大高直的树材，心材常呈红橙颜色，纹理的结构呈排列有序的波状重叠花纹，俗称“宝塔纹”。从明代榉木家具中，我们可以一目了然地发现当时匠师们凭借这种天然木质纹理创作的审美意匠（图 139）。在苏州、松江一带，还把这类木制的家具称作“细木家伙”，以示它与传统“银杏金漆”家具[2]在工艺技术上和类别上的差异。这说明，这类家具在当时人们心目中已有了十分重要的地位。

在浙江地区，还有一种民间叫作“黄椐树”的榉木，材色橙黄，木纹条理更加清晰。用它制造的家具，当地叫做“黄椐家具”，也别具一格。

榉木在江南民间被视为“硬木”，所制的家具非常考究，它不仅是中国古代硬木家具之先导，而且一直连续不断地生产到20世纪的50、60年代，是生产时间最长久的民间实用硬木家具。江南榉木家具对优质硬木家具发展的作用，对明清家具文化的积极意义，今天已越来越受到人们的重视，不少爱好者和专家在收藏或研究中也已取得了很好的成果。

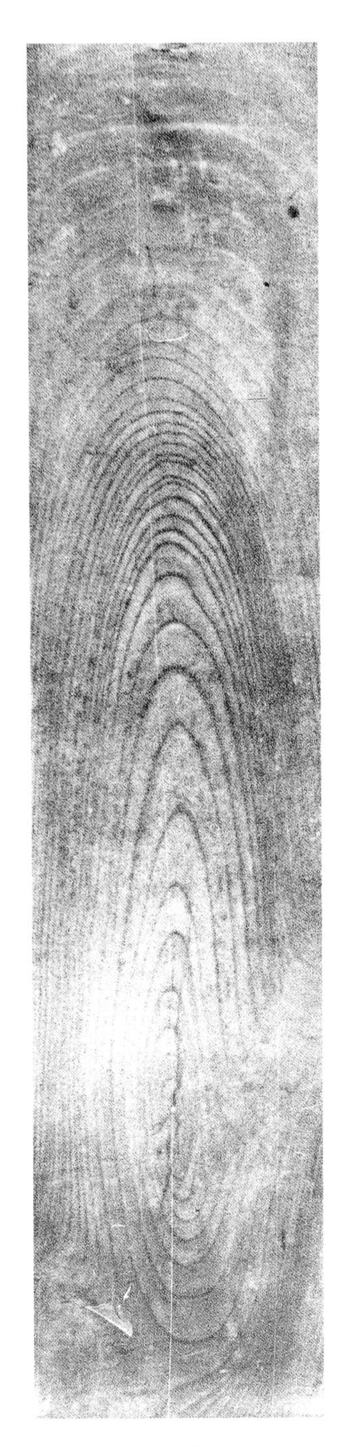

图139 明榉木灯挂椅背板木纹上的宝塔纹

（三）优质硬木家具的文化精神

据明范濂《云间据目钞》记载：“隆、万以来，虽奴隶快甲之家，皆用细器，而徽之小木匠，争列肆于郡治中，即嫁妆杂器，俱属之矣。纨绔豪奢，又以椐木不足贵，凡床橱几桌，皆用花梨、瘿木、乌木、相思木与黄杨木，极其贵巧，动费万钱，亦俗之一靡也。”

由此可知，到明代中期，除榉木以外，家具用材又进一步采用高级硬木，如紫檀木、花梨木、鸂鶒木、乌木、铁力木等，尽管大多来自南洋各地，富家也不惜耗费资财竞相追求，成为一代时尚。嘉庆年间，宋氏刊本《台州丛书》刊万历时进士王士性《广志绎》中也说：“姑苏人聪慧好古，亦善仿古法为之。……几案床榻，近皆以紫檀、花梨为尚。尚古朴不尚雕镂。……海内僻远，皆效尤之，此亦嘉、隆、万三朝为始盛。”

选用紫檀木、花梨木等制造家具，据唐代《本草拾遗》中关于“花榈出安南及南海，用作床几，似紫檀而色赤，性坚好”的记述，至迟在唐代就已开始；但真正大量采用

[2] 明范濂：《云间据目钞·纪风俗》卷二。

这些优质硬木制作家具，还是到了明代中叶历经榉木以后才风靡起来的。中国古代从漆木家具发展到硬木家具的历史过程，也是我们民族对家具用材的认识、开发和创造的过程。它充分表明，在中国古代家具史上，家具的用材业已成为一种特殊的家具文化现象。

现在，我们已不难理解明代中叶以后家具之所以出现这种新潮和时尚，也不难看到当时人们利用优质硬木创造一代新颖家具为中华民族传统家具所建树的里程碑。通过家具用材表达家具文化的意义，已成为一种优良的文化传统，成为中国古代文明的一个重要象征。

这种文化传统，直接反映了我们民族对家具的审美感受和文化观念。今天，一提到明式家具，人们就会情不自禁地同用材联系起来，而且，若讲“明式”，似乎唯有“黄花梨”和紫檀木制造的才是正宗。如此以用材为标志之一的家具传统文化，给中国传统家具不断增加了新的内容。以至于一直到进入现代文明社会，许多人对家具的兴趣和追求，可以不去着意某种功能和形式，而用材的价值，却成了一个十分重要的标准。

就老花梨木与紫檀木来说，这两种珍贵的木材，在家具文化上也有着不尽相同的意味。前者较多地见于明代中叶至清代初期，后者则更多的是在清代期间，它们在不同的历史阶段体现了家具不同的精神风貌，反映着民族心理和传统文化在家具上的物质化趋向。色泽橙黄而有闪色，明亮而带有美丽棕眼的老花梨木，深深地受到明代文人学士的青睐和推崇，他们利用木材的这种特性，赋予家具以纯正质朴、简洁明快、线形流畅的艺术品性和审美感受，从而给以老花梨木为代表的明式家具注入了淳厚的文人气息。

紫檀木的木质呈棕红或紫黑色，色调沉着，色性偏冷，通过各种装饰工艺的加工，能迎合好豪华、讲富丽的心态和需求，特别是精雕细刻以后，家具常常显得精妙绝伦，与黄花梨家具的审美情味迥然不同。因此，在当黄花梨木日益匮乏的情况下，紫檀木更受到权贵和富商们的宠爱。在某种程度上，紫檀木更能代表清式家具的文化属性。或者说，以上两种优质硬木家具，深刻地反映着两种不同的文化背景，在中国古代物质文明史上，成为民族文化现象的突出典型。当然，这种文化含义并不等于每一件具体的以老花梨木、紫檀木为原料的家具，老花梨木也有清式的，紫檀木则也有明式的，其他各种硬木用材都有明式或清式家具。

（四）红木家具文化的时代性

继花梨木、紫檀木家具以后，红木家具成了中国传统家具的又一重要历史阶段。在清代家具中，最常见的是各种各样的红木家具，上至清廷官府，下至庶民百姓，虽然品位高低不同，格调雅俗有别，但都投入了崇尚红木家具的新潮。在各个阶层中，大有不知道什么是“黄花梨”家具，什么是紫檀木家具的，而对红木家具却几乎无人不知，甚至有人将传统高级硬木家具一概称为红木家具。

红木，是清代以来最多的优质硬木。但是，红木究竟有些什么样的树种，至今说法很不一样。《辞海》“红木”条目称：红木为“热带地区所产豆科紫檀属（Pterocarpus）的木材。多产于东南亚一带，我国广东、云南有引种栽培。木材心边材区别显明，边材狭，灰白色；心材淡黄红色至赤色，暴露于空气中时久变为紫红色。木材花纹美观，材质坚硬，耐久”，还说“海南檀、格木亦属此类”。海南檀又称“花梨木”，故很多地区称花梨木也叫红木。格木也是一种材质坚重、耐水湿的硬木，用来制作高级家具，也被称为红木家具。除上述紫檀属外，在黄檀属（Dalbergia）中也有被人称为“红木”的树种。广东则称红木叫“酸枝”，而酸枝即紫榆。据江藩《舟车闻见录》说：“紫榆来自海舶，似紫檀，无蟹爪纹。刳之其臭如醋，故一名酸枝。”道光时，高静亭著《正音撮要》，也认为“紫榆，即孙枝”。故“酸枝”是“孙枝”之别音写法，即紫榆。[3] 因此，紫榆也叫红木。另外，植物学家一般只将一种叫孔雀荳（Adenanthera pavoniha）的认为是红木。[4]

[3][4] 王世襄：《明式家具研究》，三联书店有限公司，1989 年。

《古玩指南》第二十九章木器之二“红木”一节说：“凡木之红色者均可谓之为红木”，但接着却又说：“唯世俗之所谓红木者，乃系木之一种专名词，非指红色木言也。”并指出这种“红木产自云南。叶长椭圆形。白花，花五瓣。木质甚坚，色红。木质之佳，除紫檀外当以红木为最。不过产量甚多，得之较易，故世人视之不若紫檀之宝贵也”。接着又说：“北京现存之红木器物以明代者为贵，俗谓之老红木，盖明代制器均取红木之最精英者，疵劣不材绝不使用……。”明代是否已采用红木，说法至今不一致，这里也不作深究，只是以此说明，《古玩指南》作者赵氏虽强调红木为一专门树种，但他所说之“红木”究竟是什么树种，结果还是不得而知。综上所述，红木自古到今，一直没有专指是某一树种；不同历史时期，不同地区对红木都有不同的认识。这是红木家具在用材概念上与老花梨木家具、紫檀木家具等其他各种优质硬木家具既相同又不相同的地方。

由此，我们不难明白，所谓“红木家具”，恐怕一开始与某一树种没有多大关系，只是明清以来对在一定时期内出现的呈红色的硬木优质家具的统称,其用材主要包括花梨木、酸枝木等。它们都程度不同地呈现出黄红色或紫红色，当人们无意再去分辨它们是什么树种时，便以一种约定俗成的习惯去称呼它们，而这一名称恰恰代表了继老花梨木、紫檀木以后的一种家具文化现象。它在明清家具史上具有独特的时代特性和文化特征，从而成为一种特殊的文化现象。红木家具的这一用材性质，对于我们探索、继承和发扬民族家具的优秀传统开辟了广阔的天地。

二　红木家具的类别和品种

从清初到民国约 300 年的时间里，红木家具在硬木家具传统形式的基础上，原有的主要品种继续生产，根据新的功能要求，又出现了许多新的形式；由于传统文化受到西方文化的影响，还产生了不少仿效西式的家具。因此，这一时期红木家具的品类和形式比历史上任何一个时期都要多。这里，将主要的一些品种和式样略作分析和介绍，以便对各种红木家具有一定的认识和了解。

（一）杌凳

无靠背的坐具有杌和凳，品类、式样较多。古时还称“墩”，现也仍有沿用“墩”这个名称的品种。

1. 五开光绣墩（图 140）

墩面径 34 厘米，高 48 厘米。

绣墩即墩,因古时人们常在其座面上包饰丝绣的座套，故名“绣墩”。这类墩中有些很像一只坐鼓，所以又称之为“鼓墩”。

此墩面板为瘿木，落堂起堆肚。[5] 上下有弦纹和鼓钉纹，鼓钉细密如联珠；但墩身光素，不仅五立柱与牙板均未加任何纹饰,开光[6]也为平直的方形。该墩用材精练，造型隽秀，是清代早期的一种式样。

[5] 装板四周为薄边，中间高起的平面，工匠谓之“堆肚”，北方称为“落堂踩鼓”。

[6] 开光：家具装饰手法之一。部件上几何图形的装饰一般称为“开光”，这里指绣凳脚足间的空间部分。

图 140 五开光绣墩

图 141 五开光雕拐子龙纹鼓墩

2. 五开光雕拐子龙纹鼓墩（图 141）

墩面径 35.5 厘米，高 48 厘米。

墩面做镶平面，面框突出圆浑，雕鼓钉一周，牙板作螳螂肚[7]式。立柱北方称“如意担子”式，柱中段浮雕拐子龙纹。这种形式的坐墩，在清代中期开始流行，有的还在立柱中段开光或镶嵌，并成为一种定式。

3. 四开光坐墩（图 142）

墩面径 30.5 厘米，高 49 厘米。

墩面采用镶平面，面框竹爿浑[8]盘阳线，不雕鼓钉。此墩与前例不同之处是立柱中段镂孔开光。

4. 绞藤式绣墩（图 143）

墩面径 26.5 厘米，高 45 厘米。

此墩座面采用大理石做镶平面。面框边沿混圆后起弦纹三道，墩拖[9]线脚与座面一致，下设六足，形似江南湖中的水红菱。墩体采用十二根双曲弯料接合而成，并加

[7] 螳螂肚：牙板中段下凸垂下的形式。

[8] 作混面（或称“浑面”）的线脚，江南匠师称“竹爿浑”，北方叫作“盖面”。

[9] 家具腿足不着地，腿足下安的框档部件，南方称“拖”，北方称“托泥”。

图 142 四开光坐墩

图 143 绞藤式绣墩

饰仿藤扎结。整体造型酷似藤墩，拙朴自然，是清代绣墩的一种新形式。与圆桌配套陈设，雅致而有情趣。清代中期以来，广为流行，广州、苏州两地颇多生产。

5. **瘿木面四开光绞藤式绣墩**（图 144）

墩面径 38 厘米，高 45.5 厘米。

墩面瘿木镶平面。在四开光空间安 X 形绞藤。绞藤劈开作双股，交接处又用海棠形透空灵芝纹结子相连。该墩用料厚重，形体壮实，造型丰满，但已表现出装饰复杂化的倾向。

6. **云石面四开光绞藤式坐墩**（图 145）

墩面径 26.5 厘米，高 45 厘米。

此墩云石镶平面，立柱弧度大，腹部膨出特别明显，尤其开光中绞藤的做法与前例不同：利用富有弹性且光滑的“藤条”，穿过立柱形成四个圆环形，使墩体更加显得圆鼓。造型近似一个圆球，形象醒目，惹人喜爱。

图 144 瘿木面四开光绞藤式绣墩

图 145 云石面四开光绞藤式坐墩

7. 有束腰鼓腿膨牙带托泥圆墩（图 146）

墩面径 35 厘米，高 47.5 厘米。

此墩座面框边起“一洼一浑”压边线，束腰起洼，下有叠刹，[10] 起活线，[11] 线脚清新。墩五腿立于托泥之上，且有马蹄，托泥下置五小足。牙板为江南匠师俗称的“螳螂肚”，与腿足连接采用插肩榫，周沿盘阳线。圆墩整体造型系明式，工艺上也具有鲜明的苏作特点，是一件有束腰的优秀圆墩，制作年代可能在乾隆年间。

8. 禹门洞鼓式圆凳（图 147）

此墩之所以改称为“凳”，是因其腿足直接着地，在结构上已与前例不同。足间脚档作桥梁式，膨牙和腿柱中段均镂饰禹门洞，[12] 洞边盘阳线，线脚圆润。该凳用料合理，比例协调，并能跳出鼓墩的一般造法，在省工省料的同时，求得实用美观。

[10] 须弥座束腰上下依次向外宽出的构造形式，《营造法式》称“叠涩”，家具束腰下也有类似的构造，称“叠刹”，即“叠涩”，北方称“托腮”。

[11] 活线：一般用来做叠刹的一种线脚，断面呈状。

[12] 禹门洞：束腰、虚镶、隔堂板上程式化的一种开孔，如炮仗洞、菱花洞等。

图 146 有束腰鼓腿膨牙带托泥圆墩

图 147 禹门洞鼓式圆凳

[13] 收腿式：家具腿部在一定部位弯进，造成下部内收的形式效果。一般至足端又向外弯出，形成一种折线状。清式家具椅、桌的腿部，很多采用这种式样。

9. **螭虎龙纹鼓式圆凳**（图 148）

凳面径 32.5 厘米，高 49.2 厘米。

圆凳上部构造与一般鼓墩无多大差别，膨牙和立柱中段均浮雕螭虎龙纹。墩下端采用踏脚档连接成圆拖的形式，改变了腿柱站立墩拖的造法，但仍安小足，故与前例造法也不相同。

10. **绞藤牙收腿式圆凳**（图 149）

凳面径 38 厘米，高 48 厘米。

凳面镶平，缠藤花牙。五腿圆形，离凳面三分之一处内收，民间俗称“收腿式”。[13]五足间镂雕两盘旋的草龙纹，足端雕饰百吉纹一朵，足下踩圆珠。这是清代晚期常见的一种广式坐凳。

图 148 螭虎龙纹鼓式圆凳

图 149 绞藤牙收腿式圆凳

11. **直脚梅花凳**（图 150）

凳面落堂较深，面心起堆肚，框边混圆。框下牙条随梅花面框做，每圆弧上阴刻梅花纹两朵。车木直脚。五足间连脚档安勾云聚星纹。

12. **有束腰鼓腿膨牙梅花凳**（图 151）

凳面径 39.5 厘米，高 45.8 厘米。

凳面瘿木镶平面，面框边沿密雕联珠纹，膨牙通体透雕盘枝梅花。鼓腿以花枝作呼应，兽爪形腿足，风车旋连脚档，档面也浮雕梅花一枝。此凳雕刻快利，磨工精致，品质上乘，是清代晚期广式坐凳中常见的形式。

图 150 直脚梅花凳

图 151 有束腰鼓腿膨牙梅花凳

13. **有束腰鼓腿膨牙圆凳**（**图 152**）

凳面径 35 厘米，高 48 厘米。

此凳是清代后期开始流行的圆凳之一。膨牙螳螂肚盘阳线，浮雕十字蝴蝶结花纹。鼓腿上方内弯后做圆，到下端外翻卷作螺旋状，足底踩圆珠，安风车旋连脚档。

14. **椭圆形四脚凳**（**图 153**）

凳面长 41.5 厘米，宽 33.5 厘米，高 48.5 厘米。

此凳全身不作纹饰，腿与牙板插肩榫相接，收腿式。足端外撇踩珠，民间匠师俗称“鹅头脚”，提高了的桥梁管脚档也连成椭圆。这是造型新颖的晚清坐凳。

图 152 有束腰鼓腿膨牙圆凳

图 153 椭圆形四脚凳

22. **折角牙头长方形杌**（图 161）

杌面长 48 厘米，宽 44.5 厘米，高 38 厘米。

杌多正方形，长方形杌不多。此杌无束腰，无横档，更属少见。杌面框边沿竹爿浑，上下起阳线。脚柱外圆里方起阳线。牙板盘阳线珠，折角牙头。该杌线脚单纯一致，造型简洁明快，系苏做，制作年代为清代中期。

23. **镶大理石面骨牌凳**（图 162）

长方形的凳子，规格比长方杌要小，因其凳面形似骨牌，故名骨牌凳。这是晚清、民国时期居室常见的坐凳。

图 161 折角牙头长方形杌

图 162 镶大理石面骨牌凳

（二）靠背椅

椅子没有扶手的统称“靠背椅”，靠背搭脑两端出头的传统称为“灯挂椅”，两端不出头的北方称“一统碑椅”,苏州地区称“单靠”。红木家具中靠背椅的品种和式样都较丰富。

1. 桥梁式搭脑灯挂椅（图 163）

靠背椅搭脑两端出头，今统称“灯挂椅”。其实，原先只有椅子搭脑作桥梁式的才称“灯挂椅”。此椅脚柱、椅面以下为外圆内方，以上为圆形；搭脑、靠背两侧的立竿和横料均作圆材，协调统一。背板上隔堂以铲地浅雕的手法在线框内雕变形牡丹纹样，中隔堂落堂起堆肚，下隔堂作券口式亮脚，边沿盘阳线。椅面框边作大倒棱起阳线，左、右、后三面皆安牙板，牙头较长。前牙券口，中垂螳螂肚，两侧三分之一处雕方勾云纹卷珠，与踏脚档相碰时作马蹄形，盘阳线。此椅整体比例匀称，用材得当，做工精湛，是清代苏式早期的优秀作品。

图 163 桥梁式搭脑灯挂椅

图 164 直搭脑灯挂椅

2. 直搭脑灯挂椅（图 164）

椅面长 47 厘米，宽 38.3 厘米，座高 48 厘米，通高 92.5 厘米。

此椅一对，尽取圆材。搭脑平直，靠背独板，与后腿上部均作仰势。椅面边沿混圆，面心藤屉已改为木板硬屉。前面和左右两侧皆安桥梁档，立两矮柱。脚档前后低，两侧高。该椅结构简明，布局合理，尽依明式常法，隽永耐看。这件靠背椅的制作年代不会晚于清初，是研究早期红木家具的最好实例之一。

3. 螭虎龙纹小靠背椅（图 165）

椅面长 47.7 厘米，宽 36.3 厘米，座高 46.3 厘米，通高 79 厘米。

此椅形体矮小，靠背独板制成，接近朝板式，[16] 在圆形开光内实地雕一螭虎龙纹（现已改镶瘿木）。整个椅子全用方料，面框、脚柱和脚档皆起大倒棱，方正直率。椅面落堂起堆肚，现被改作藤屉。椅盘四周用桥梁档加矮柱，部位稍微退进，与脚柱不做格肩榫交接，俗谓“平肩榫”。[17] 该椅风格简朴，根据原螭虎龙纹，可知其制作年代不会晚于乾隆时期。这类椅子均出自苏州地区，民间称作“书房单靠”。

图 165 螭虎龙纹小靠背椅

[16] 朝板式：稍带弓形弯的独板靠背。

[17] 平肩榫：榫卯的一种，指横竖材“丁”字形平直接合，不做格肩，北方称“齐肩膀”。

图 166 笔梗椅

图 167 镶瓷板靠背椅

4. **笔梗椅**（图 166）

椅面长 48.5 厘米，宽 40 厘米，座高 47.2 厘米，通高 93 厘米。

此椅桥梁式搭脑作后倾，故靠背的六根圆梗与椅腿至上端均作后弯势。搭脑与后腿套榫[18]连接。椅盘藤屉，椅面框边沿竹爿浑双边线。踏脚档下设层式角牙。该椅形体协调，疏密有致，给人以简洁隽秀的美感。这种靠背作圆杆的靠背椅，北方称为“一统碑梳背椅”，江南称为“笔梗椅”。

5. **镶瓷板靠背椅**（图 167）

椅面长 47.5 厘米，宽 38 厘米，通高 92.5 厘米。

靠背椅搭脑桥梁式，与后腿用格角相交，不用套榫，这主要因取用方料的缘故，是合理的做法。方料在此结构处不见有用套榫的。此椅靠背以两立材加三横档，在第一、第二档间起槽口镶一方青花瓷板，十分别致。青花花纹作仙鹤祥云，可能是清代早期的制品。椅的两侧和背后都设牙条，挂牙头，前作桥梁档加两根矮柱。椅面心板落堂不起堆肚。靠背椅有一对，平淡单纯，但在有意无意中给人以淡雅清新、空灵秀逸的美感享受，与青花瓷板珠联璧合，是一件十分别致的红木靠背椅。其制作年代可能在乾隆时期。

[18] 椅子等搭脑与后腿作交角接合时，不用 45° 格角榫，而在搭脑尽头混圆后造成下弯状，中凿榫眼，套在后腿上端的方榫上，江南工匠名其为“套榫”，北方俗称“挖烟袋锅”。

图 168 竹节纹靠背椅

图 169 驼峰式搭脑靠背椅

6. **竹节纹靠背椅**（图 168）

椅面长 47.2 厘米，宽 37.6 厘米，通高 86 厘米。

此椅四件一堂，与竹节纹方桌相配组合成套。面梃、脚柱、搭脑、脚档皆采用劈料雕竹节纹。椅盘软屉，靠背上隔堂用阴线刻竹叶三枝，与云头灵芝组合成一幅单独纹样，中隔堂落堂起堆肚，下横档安亮脚。腿足间均安矮柱桥梁档。清代红木家具常喜仿竹节纹，形式变化多样，这是比较清丽的一例。

7. **驼峰式搭脑靠背椅**（图 169）

椅面长 47.3 厘米，宽 38.5 厘米，座高 49 厘米，通高 94.3 厘米。

此椅的特征是搭脑作高低波状形，江南匠师称作“驼峰式”。它是清代早中期出现的一种式样。该椅在形体上采用比较明显的传统侧脚做法，上下窄势[19]尚能得体，靠背隔堂有方、圆装饰和禹门洞，线脚颇为精致。椅面下的分心式擢脚钩子桥形档，是苏做红木家具的一个特征，管脚档下的托牙是三层式脚牙的变体做法。这类椅子形式较多，式样大致相近，是清代中晚期居室中日常使用的普通红木椅子。

[19] 窄势又称“侧脚”，家具腿足上下形成斜势，江南工匠称为“窄势”，北方工匠叫作“外挓”。

图 170 钩子头搭脑靠背椅

8. **钩子头搭脑靠背椅**（图 170）

椅面长 51 厘米，宽 40.5 厘米，座高 52 厘米，通高 94.5 厘米。

此椅靠背的做法多见于清代红木扶手椅，单靠像这种形式的较为少见。靠背板采用隔档做法。这是清代晚期红木靠背椅的新花色。

9. **卷书式搭脑靠背椅**（图 171）

此椅类似前例，且更简单，说明这类靠背椅当时也是一种较为流行的形式。

图 171 卷书头搭脑靠背椅

10. 绞藤西式靠背椅（图 172）

椅面长 43.5 厘米，宽 40.5 厘米，座高 45.5 厘米，通高 98 厘米。

此椅椅面前沿呈弧线形，高束腰，牙板做法随面框线形膨出，前足为狮爪，四腿足间安车木杆“工”字连脚档，显然是法式的仿制品。这些家具除广州地区生产以外，清末民初上海地区也大量生产。

11. 西式靠背椅（图 173）

这件造型全然仿西方的椅子，靠背采用勾莲纹，但非兜接，只是简单的拉空花板，形体单调乏味，已经失去了明清以来硬木家具的优良传统。

图 172 绞藤西式靠背椅

图 173 西式靠背椅

（三）扶手椅

椅子有扶手和靠背的统称“扶手椅”。清代红木扶手椅中有明式的文椅、圈椅，有清代的高背椅、书房椅，更有多种多样新颖的清式扶手椅。

1. 桥梁档文椅（图 174）

椅面长 58.5 厘米，宽 49 厘米，座高 49 厘米，通高 103 厘米。

椅子搭脑、扶手两端均不出头的，明式家具的故乡有传统的称呼，叫作“文椅”，北方称其为“南官帽椅”，它是明式家具扶手椅中一种常见的形式。

此椅全身光素，全用圆材。搭脑弯曲中的微妙变化，体现了明式家具运用线条造型的丰富表现力。前面两桥梁档一根紧贴椅面，一根紧附踏脚，不难看出是特意设计的。鹅脖[20]另安，偏后，也是为了使扶手与其连接时造成变化。四面管脚档前者低，两侧稍高，后者更高，俗称“步步高”，都是明式的常见做法。从背板的木质纹理可以看出，该椅用材是精选的。令人遗憾的是，它已被重新上漆“保护”，失去了原先特有的气息和面目；但它毕竟是一件清代早期红木明式文椅的实例，具有重要的艺术价值和研究价值。

图 174 桥梁档文椅

[20] 鹅脖：椅子扶手下靠前的一根立木，或与前腿足一木连做，或另安装。

2. **靠背嵌云石文椅**（图 175）

椅面长 56 厘米，宽 45 厘米，座高 48.3 厘米，通高 99 厘米。

此椅承继明式传统，整体造型和谐，各部件的线形委婉遒劲。靠背作三段式，上中下隔堂分别镶板、镶云石、挖亮脚。椅面前沿下安方形券口，踏脚档下做三层式托牙。该椅是清代中期较有代表性的苏做文椅式样。

3. **驼峰式搭脑高背椅**（图 176）

椅面长 58.5 厘米，宽 45.8 厘米，通高 107 厘米。

此椅搭脑三曲，民间俗称“驼峰式”，靠背作三段隔堂，上、中落堂面，下嵌蝴蝶花纹结。座身挖弯内凹，俗称“马鞍式”。椅面下折角桥梁档，中间矮柱采取劈开的分心做法，踏脚档作相应凹进，加上三层式托牙，均表现出鲜明的地方特征和时代特征。这是苏做红木家具清代中期出现的典型形式。由于椅子用料多是较细的圆梗，故曲线柔婉，造型空灵轻巧，婀娜多姿，与清初明式文椅相比别具一格，形成一种新的面貌。

图 175 靠背嵌云石文椅

图 176 驼峰式搭脑高背椅

4. 驼峰式搭脑嵌云石高背椅（图 177）

椅面长 55.6 厘米，宽 43 厘米，通高 105 厘米。

此椅与前例形式基本相同，但不作马鞍式，牙板、背板等装饰手法也稍有改变。通过前后两例的比较，可进一步看出清代中期高背椅独特的形像风貌和艺术特色。

5. 竹节式矮背椅（图 178）

椅面长 56.5 厘米，宽 44 厘米，座高 48.5 厘米，通高 77 厘米。

此椅后背比一般文椅低矮，造型极似玫瑰椅，但靠背扶手与椅盘间不设横档，以 S 形曲栅构成，造型风格与常见的迥然不同。椅面落堂起堆肚。腿足间安桥梁式券口。脚档下安桥梁托档，桥梁曲度较大，高凸部分紧贴椅盘，显得格外富有弹性。全部横材直料都仿制竹节，十分精巧别致。该椅通过精心的设计和制作，其完美的艺术形象可作为清代红木家具推陈出新的又一典范。

图 177 驼峰式搭脑嵌云石高背椅

图 178 竹节式矮背椅

6. 圆梗嵌云石书房椅（图 179）

椅面长 55 厘米，宽 44 厘米，通高 85 厘米。

这种通体采用直料圆梗的椅子，造型、风貌均类似明式的玫瑰椅，结构又与明式文椅相接近，也十分娟秀，故被称为“书房椅”。此椅直搭脑，直靠背，靠背隔堂上下对称，镂禹门洞盘阳线，中镶大理石。笔直的镰刀把[21]上细下粗，椅面软屉。腿间矮柱直档，脚牙为圆梗弯托角，惜已失落不存。此椅前后两脚柱间作窄势，即北方称作“侧脚外挓”。腿足两旁安立材，不仅可以加固椅子，而且取得了视觉上的稳定感。

圆梗书房椅在北方和南方广州等地很少见到，是江浙地区清代中叶前后的新品种。

[21] 镰刀把：扶手椅扶手之下鹅脖与后腿之间的一根立材，或称“联帮棍”。

图 179 圆梗嵌云石书房椅

7. **圆梗直背书房椅**（图 180）

椅面长 55.7 厘米，宽 42.2 厘米，通高 88.5 厘米。

此椅直板靠背，中心挖地浮雕同心花结纹样，座面下前腿足间安壶门式券口，盘阳线卷草纹，两边直牙饰卷云珠。椅侧牙板盘阳线，踏脚档下安素牙条。椅面瘿木镶平面。整体造型如同前例，均给人以书房椅特有的书卷气。

8. **圈口靠背扶手椅**（图 181）

椅面长 62 厘米，宽 48 厘米，座高 50.5 厘米，通高 96.5 厘米。

椅背和扶手下均作圈口，椅盘下四腿间皆安券口，圈口和券口全都浮雕丰满的变形缠枝牡丹纹样，缠曲盘绕，繁密细致，刀法圆润浑厚，表现出较高的水平。鹅脖一木连做。腿足椅面以上部分混圆，以下部分外圆里方，有显著的侧脚。整体造型凝重，但毫无呆拙之感，且上下呼应，浑然一体。如此形式的扶手椅在明清硬木家具中未见先例，似乎是在传统形式中追求富丽效果的一种装饰变化，给人另一番审美情趣。

图 180 圆梗直背书房椅

12. **福寿纹花背扶手椅**（图 185）

此椅座身为有束腰方凳式。花背纹饰以福寿为主题，取蝙蝠、桃子等传统题材。饰卷珠波折曲线的搭脑下，连接一个抽象醒目的弯钩如意头。寿桃装在饰有花带流苏的花篮之中，有着名副其实的“花背”装饰效果。扶手作对钩状。牙板勾云纹嵌宝珠，足端雕方回纹。这些都是清式花背扶手椅常见的装饰手法。

13. **凤凰牡丹花背扶手椅**（图 186）

椅面长 60.5 厘米，宽 47 厘米，通高 98 厘米。

椅面镶平面，束腰假两上。靠背为中心实地圆景，周起阳线，铲子地浮雕凤凰、牡丹、湖石，图案的布局和造型均顺循木纹丝缕，构成一幅完整的装饰性画面。圆景上下透雕蝙蝠纹样，扶手结子板铲地浮雕寿桃、果盆和蝙蝠纹样，纹样都以富贵福寿为主题，结构自然得体。搭脑两边卷珠搭叶的式样和造型，是广式花背扶手椅最具程式化的特征和特色。

图 185 福寿纹花背扶手椅

图 186 凤凰牡丹花背扶手椅

[25]［26］原图见蔡易安《清代广式家具》，八龙书屋，1993年出版。

14. **嵌螺钿花背扶手椅**（图 187）

椅面长 65 厘米，宽 48 厘米，通高 96 厘米。

嵌螺钿是广式家具的一大特色，花背扶手椅也是广式家具的主要品种，清代中期以后久盛不衰。这种形式的扶手椅广东称“公座椅”。此名称在明清小说中也有记载：“方丈明间内，上面独独安放一张公座椅儿。”但花背椅与小说中的公座椅是否指同一类椅子，有待以后详考。此椅[25]镂嵌结合，螺钿镶嵌梅枝和梅花，靠背圆景内镂雕宝瓶、如意纹样，均是“平安如意”的象征和祝愿。

15. **嵌螺钿镶大理石花背扶手椅**（图 188）

椅面长 65 厘米，宽 48 厘米，通高 98 厘米。

此椅[26]与前例基本相同，均是特色鲜明的广式花背椅。生产年代均在晚清。

图 187 嵌螺钿花背扶手椅

图 188 嵌螺钿镶大理石花背扶手椅

图 189 龙纹扶手椅

图 190 圈椅

16. **龙纹扶手椅**（图 189）

此椅除面之外，雕龙布满全身，俗称“龙椅”。在靠背框内透雕正面云龙纹，两旁运用与深浮雕相结合的手法，雕出冉冉向上的升龙抢珠图案。扶手立雕龙首、龙身，张目龇牙，扶手连柄悬雕花树纹。沿椅边嵌一周联珠纹，束腰下刻西番莲瓣作边饰，与镂雕牙板相得益彰。前腿浮雕兽头虎爪，间饰花草纹样，后足外撇如爪足。该椅如此雕琢繁琐，纹饰无序而虚张，且洋气十足，完全失去了它的实用和艺术价值。这是晚清广式红木扶手椅的特殊形式。

17. **圈椅**（图 190）

圈椅是一种形式特殊的传统扶手椅。此椅除椅盘牙板为双钩桥梁档嵌扁圆环结子以外，与一般明式圈椅无明显差异。扶手椅圈三截，不出头，转接弯曲圆顺自如。S 形独板靠背，圆开光作浮雕。面框边沿起大倒棱。脚档为步步高式，左右与前脚档下均安脚牙。该圈椅尽管仍具有明式的基本式样，但时代特征十分明显，已是清代中晚期的制品。

18. 仿竹节圈背椅（图 191）

此椅的椅面前外呈弧圈形变化，与圈背和扶手有立杆和弯竹花饰相接，新颖别致，但形式和构造与传统圈椅大相径庭，是西方座椅的舶来品。

图 191 仿竹节圈背椅

（四）屏背椅

屏背椅是扶手椅的一种，因靠背形式似屏风而得名。依据靠背的式样，又可分为独屏式和三屏风式等。它的产生可能与宫廷宝座有关。清代家具追求气派，盛行雕琢繁复的风气，取宝座的形式而市俗化，便出现了各式各样的屏背扶手椅。有些讲究的屏背椅也称太师椅，被视为高级的坐具。

清代，还有不用扶手、仅在屏背与椅面连接处安装插角的屏背椅。它是屏背椅进一步简化的一种形式，可视为介于扶手椅和靠背椅之间的椅子。

1. 三屏式扶手椅（图 192）

椅面长 58 厘米，宽 47 厘米，通高 97 厘米。

椅面软屉，面框边沿大倒棱起阳线，方料直脚，无束腰。前牙板挖缺，盘阳线卷云纹四朵，两侧牙板各卷云纹两朵。管脚档两侧高，前后低，踏脚档下安牙条。座身上靠背三屏，中高屏安卷书式搭脑，两旁低屏稍折弯，屏板心落堂起堆肚。扶手框后高前低，镂空镶板起云钩盘阳线。该椅未作繁缛雕琢，平素大方，是清代屏背椅中一种较早的形式。

图 192 三屏式扶手椅

2. 圆梗云石屏背扶手椅（图 193）

椅面长 62.5 厘米，宽 47 厘米，座高 48.5 厘米，通高 96 厘米。

此椅撤去屏背改立数枝圆梗，便是一件传统形式的梳背椅。现屏背由方景和虚镶[27]两部分组成，方景攒框后嵌纹理天然的云石，周边的虚镶采用旋转花纹的瘿木，显然产生一种新颖的格调，给人以新的审美感受。全椅用材取圆不取方，在清式屏背扶手椅中独辟蹊径。该椅共四件，配置茶几成对陈设。

[27] 虚镶：采用大小两框档相套后，用板片将它们连接的部分。

图 193 圆梗云石屏背扶手椅

3. 四面平式屏背椅（图 194）

椅面长 60 厘米，宽 46.3 厘米，座高 50.5 厘米，通高 96.5 厘米。

此椅不取方杌式座身，方料混面的直腿与椅面边框粽角榫连接成四面平式。椅面下三面安两两对称的云钩横档。踏脚档劈开起双浑。扶手后高斜下平直弯转作云钩，靠背的做法也与一般屏背椅有所不同，手法别出心裁，形式感比较强。这是清式家具不循常规的又一实例，同样富有新意。

图 194 四面平式屏背椅

4. 两式腿卷书式搭脑屏背椅（图 195）

椅面长 61.5 厘米，宽 46 厘米，座高 49.5 厘米，通高 98 厘米。

此椅座身面框竹爿浑，束腰起洼，牙板外沿起阳线，平地线雕方汉纹。四腿柱类似明式的所谓“展腿式”，[28] 即由与牙板交角连接的方形腿柱，转为圆形腿柱（图 196），苏州匠师称其为“两式腿”。该椅至足端雕肥厚的卷珠搭叶，下踩圆珠。从椅面框边、束腰、牙板到踏脚档，都向里挖弯呈凹桥梁形马鞍式。椅盘上装独屏靠背，嵌落堂起堆肚瘿木面，搭脑中部升起作卷书头，卷轴呈螺旋状。扶手作方钩四云纹嵌方结。该椅用料粗笨，形体庞大，非陈置五间大厅则不相称，应是清代晚期夸张装饰功能而出现的形体式样。

图 195 两式腿卷书式搭脑屏背椅

图 196 明黄花梨矮桌展腿式半桌

[28] 参见王世襄《明式家具研究》图例乙 43、59。

5. 独扇镶云石插角屏背椅（图 197）

椅面长 71.3 厘米，宽 48.7 厘米，座身 45.8 厘米，通高 95.5 厘米。

此椅面框边沿作平面，稍退进后立脚柱与牙板格角连接，座身构成一具板实的无束腰大方杌。靠背屏风直插椅盘上，左右分别采用三级式方钩直插角加固，屏背搭脑作桥梁式。收腿式脚柱到足端雕方钩纹，下踏扁方小足。腿牙相交处加饰角牙，与上部插角呼应。椅背云石古朴，纹理似山似云，变幻莫测，气势澎湃，由此进一步获得了独特的审美效果。

6. 嵌瓷板插角屏背椅（图 198）

椅面长 54 厘米，宽 44 厘米，座高 47.5 厘米，通高 93 厘米。

此椅椅背中攒框安装山水画瓷板一方，周边虚镶落堂做。攒框和外框均采用双浑，俗称“芝麻梗”。[29] 座身前面做有假束腰，椅两侧和后背在椅面下直接安牙条，目的是简化结构，省工省料。且因屏背常开设框景，或镂几何形透孔，形式花样多变，故又有将其称为“什锦椅”的。这是居室日常生活中很普遍的一种椅子。

[29] 芝麻梗：线脚的一种，是双浑面的线脚。依据它的形状，江南工匠俗称“芝麻梗”。

图 197 独扇镶云石插角屏背椅

图 198 嵌瓷板插角屏背椅

7. **透孔镶云石插角屏背椅**（图 199）

椅面长 48.5 厘米，宽 39.7 厘米，通高 89 厘米。

此椅靠背屏板镂孔作瓶形，委角方形雕云纹，后装镶云石。屏板起堆肚落堂镶入背框内，背框起一浑一洼的文武线（“文”、“武”为“浑”、“洼”的谐音）。椅面前沿做假束腰。屏背椅插角一般为变形夔龙纹搭叶，此椅与前例均作这类装饰。

8. **三屏式插角屏背椅**（图 200）

椅面长 49.7 厘米，宽 40 厘米，座高 50.3 厘米，通高 93 厘米。

插角屏背椅也有三屏风式靠背的，此椅即是一例。中屏镶落堂瘿木板，卷书式，两旁作对称云钩兜接。座身四面平式，回钩直档，云钩结子，不设管脚档。

图 199 透孔镶云石插角屏背椅

图 200 三屏式插角屏背椅

（五）太师椅

清代扶手椅中凡形体较大、庄重而华贵的都可称“太师椅”，其形式特征、装饰意匠在清式家具中成为突出的典型，故常作为清代扶手椅的代表。

1. 勾云纹卷书式搭脑太师椅（图 201）

椅面长 64 厘米，宽 50 厘米，通高 102 厘米。

椅子背板搭脑高出靠背的形式，在宋代名人绘画中已能看到，只是搭脑后弯而未成为卷书式。[30] 在明代家具中，这种形式在宝座上也有实例。直至清代，椅子背板做成如此式样的不属少见，但主要是太师椅、屏背椅一类的椅子，且多程式化。此椅 [31] 背板与卷书状搭脑一木连做，靠背板上部正中铲地浮雕“云、蝠、结、磬”的寓意花纹。扶手和靠背均作对云钩，兜接交角圆和，造法比较利落。该椅制作时代不会早于嘉庆年间，是清代太师椅较普遍的样式。

[30] 宋李嵩《仙筹增寿图》。

[31] 原图见《收藏家》，1994 年第 4 期。

图 201 勾云纹卷书式搭脑太师椅

图 202 勾云纹嵌黄杨木卷书式搭脑太师椅

2. **勾云纹嵌黄杨木卷书式搭脑太师椅**（图 202）

椅面长 63 厘米，宽 50.7 厘米，通高 103 厘米。

此椅与前例形式基本相同，但束腰镂炮仗洞[32]起阳线嵌黄杨木条，正面和左右牙板与椅腿交接处也饰黄杨木曲尺式角牙。卷书式搭脑靠背板上、中隔堂嵌花卉纹样，下隔堂镶黄杨木挖云纹亮脚。这类太师椅大多为清代中晚期的制品。

3. **嵌大理石牛角式搭脑太师椅**（图 203）

椅面长 67 厘米，宽 51.3 厘米，通高 93 厘米。

此椅构造的特点表现为搭脑两端下弯，端头雕云头如意纹。靠背板三隔堂，上、中装大理石，下挖花饰亮脚，背板两边兜接成对称的卍形，扶手作云钩。椅面镶大理石板心，框档均起圆角。工艺精美，造型简洁，也是清代中期以后太师椅的一种常见形式。

图 203 嵌大理石牛角式搭脑太师椅

[32] 长条形的禹门洞，俗称“炮仗洞”。

图 204 三屏式雕龙纹太师椅

图 205 透雕荷花纹太师椅

4. 三屏式雕龙纹太师椅（图 204）

椅面长 59.5 厘米，宽 47.7 厘米，通高 102 厘米。

这种也可称之为三屏风式的屏背椅，是清代太师椅中常见的形式之一。该椅[33]椅背屏框内屏板雕满繁复精细的云龙纹，刀法娴熟，纹样严密；椅座下身腿足间设券口牙子，平雕拐子龙纹，左右对称，与椅背上下呼应，在艺术风格上表现出绚丽华美的情趣。

5. 透雕荷花纹太师椅（图 205）

椅面长 63.5 厘米，宽 49.5 厘米，通高 109 厘米。

此椅用料硕大，雕刻生动，椅背圆雕荷叶、莲花、莲藕，合在一个圆形之内，下为流水波浪纹，形象写实，与方方正正的椅座造成一种对比反差的装饰效果。椅座前沿牙板浮雕缠枝纹，足部雕刻兽首纹。做工精细，工艺讲究，唯有摆放在大厅内，才能体现其富丽堂皇，光彩炫目，否则只能是华而不实的累赘。这类太师椅的制作年代较晚。

[33] 原图见《清代家具艺术》，台湾历史博物馆，1985 年出版。

图 206 雕灵芝纹嵌大理石独座

6. 雕灵芝纹嵌大理石独座（两椅一几）（图 206）

椅面长 66.6 厘米，宽 48.8 厘米，通高 108 厘米。

此椅在北方统称“太师椅”，江南地区则叫“独座”。椅背搭脑卷云纹作外形，内雕云头灵芝纹，中心圆景镶大理石，圆框下装对称云头灵芝。椅盘前梃、束腰、牙板和踏脚档皆内凹呈马鞍式，牙板高浮雕“双龙戏珠”，脚柱收腿式，脚头雕大小卷珠，组合形似兽面。整体用料粗硕，造型稳重。这类独座可能形成于同治年间，以后一直兴盛不衰，常与天然几、供桌、方桌、茶几等家具组合成套，采用对称形式陈设于大厅之内（图 207），给人以气氛强烈、庄严大方的感受。

图 207 苏州拙政园鸳鸯馆内陈设的天然几、太师椅等红木家具

（六）长椅

可供两人以上坐的椅子，都可称之为长椅，但一般只指两人坐的双座椅。这种形式的椅子，明式家具中迄今只发现一件鸂鶒木双座玫瑰椅（图208），现藏于苏州网师园内，而且品质极高，故非常珍贵。清式长椅则是很常见的坐具品种，形式多样，绝大多数是广做制品。

图208 明式鸂鶒木双座玫瑰椅

1. 仿竹节纹长椅（图209）

此椅面框前沿稍弯，且前长后短，与两抹头相接处做成圆角。前两腿足与角牙拼合连做，犹如一木雕成弯竹。扶手呈圈背状，前端向外弯撇。靠背中间和扶手下均透雕花板，取材竹节与葡萄，纹样对称。后腿两旁分立三竿，与鹅脖均雕成竹节纹，其他构件也同。该椅形体开敞，感觉十分轻巧。

图209 仿竹节纹长椅

2. 三圆景镶大理石长椅（图 210）

椅面长 156 厘米，宽 50 厘米，高 110 厘米。

此椅[34]座面落堂起堆肚，椅面框沿竹爿浑压边线，束腰起洼，广式蟹壳牙板，三弯脚。扶手兜接云钩。靠背云钩中嵌三圆景，景框内镶大理石。该椅云钩呈圆尖状，与圆景协调一致，是清代晚期的形式特征。

[34] 原图见蔡易安《清代广式家具》，八龙书屋，1993 出版。

图 210 三圆景镶大理石长椅

（七）躺椅

躺椅座面前高后低，有一个坡度，靠背后仰，人体躺下方便并有舒适感，是清代晚期以后流行的广式家具。躺椅常作两张一对，中间放一双层式茶几，上层摆设水石盆景、花盆，下层陈置茶具物用，是居家小憩或与至亲好友闲谈时享用的新颖家具。

1. 镶大理石躺椅（图 211）

此躺椅座身前沿作卷曲状，扶手圆顺卷转构成变形灵芝草叶纹，靠背中心镶大理石，搭脑立雕一写实的瓜形枕，两端刻瓜叶。整体造型简疏，形态自然，是躺椅中常见的形式。

2. 嵌螺钿躺椅（图 212）

座面长 42.6 厘米，宽 42.4 厘米，后高 51.3 厘米。

此躺椅 [35] 运用嵌螺钿工艺取得了清代风格的装饰效果，两椅一几，实用美观。

[35] 原图见《清代家具艺术》，台湾历史博物馆，1985 年出版。

图 211 镶大理石躺椅

图 212 嵌螺钿躺椅

（八）方桌

方桌除特殊功能的专用桌外，按规格的大小可分八仙桌和四仙桌等。自明代以来，大大小小的方桌一直是居室中不可缺少的家具。清代厅堂正面天然几前，一般都要摆一张考究的桌子，故红木方桌在清代更是常见的品种。桌子在江南称“台子”。

图 213 如意纹牙板圆腿方桌

1. 如意纹牙板圆腿方桌（图 213）

桌面边长 77.5 厘米，高 82.5 厘米。

此桌圆柱直脚，宽阔的牙板盘阳线如意云纹。牙头较长，与腿足接合牢固，形式上改变了横档加矮柱的做法。简洁明快的造型，不同一般的装饰结构，使这件清代红木方桌具有了较高的品位。

图 214 霸王档圆腿方桌

2. 霸王档圆腿方桌（图 214）

桌面边长 78 厘米，高 82.5 厘米。

方桌圆柱直腿，上档混圆裹腿做，桥梁档上立四矮柱，霸王档也取圆材。双浑后的桌面框边与裹腿上档组成三条圆顺的直线。此方桌整体光素明洁，造型圆婉和谐，使人感到格外赏心悦目。该桌完美的形象在所见的清代方桌中可称“独领风骚”，是清代早期明式红木方桌中不可多得的珍品。

3. **竹节纹收腿式石面小方桌**（图 215）

桌面边长 74 厘米，高 84.3 厘米。

此桌全部构件仿竹节状，脚柱收腿式，足端外移。罗脚牙连桥梁档。结构单纯，造型明快，云石纹理天然。此桌与四凳配成一套，洒脱清秀。

4. **竹节纹瘿木面四仙桌**（图 216）

桌面边长 75 厘米，高 82.5 厘米。

此桌与前例做法不同，腿料四面均劈开，做成四根竹子，并间饰竹叶纹。牙板采用云钩罗脚连杆档的形式，连杆以上镂空竹节纹花板，连杆下嵌方勾云纹。桌面瘿木镶平面。该桌造型匀称，做工精良，与四椅配成一套，清丽盎然。

图 215 竹节纹收腿式石面小方桌

图 216 竹节纹瘿木面四仙桌

5. 直档矮柱装虚镶圆腿方桌（图 217）

桌面边长 82.5 厘米，高 83 厘米。

此桌面框为瘿木镶平面。裹腿做，似垛边的上档直接贴在桌面面框下，与桌面边沿形成双浑线脚。上下档之间立矮柱两根，起槽装板，每面装三块，均镂炮仗洞，下档与圆腿间还装有起加固作用的小插角。这是一件充满意韵的红木方桌。

6. 直条牙角云石面四仙桌（图 218）

桌面边长 77.5 厘米，高 79.2 厘米。

明朗爽利的造型，加上稍稍加高了的束腰挖炮仗洞，以及曲尺式直条牙角的衬托，使该桌显得轻松而有灵气。牙板浮雕五宝珠图案，说明其制作年代不会太早，但不失为一件言简意赅的清代苏式红木四仙桌。

图 217 直档矮柱装虚镶圆腿方桌

图 218 直条牙角云石面四仙桌

7. 方钩纹插角石面方桌（图 219）

桌面边长 92 厘米，高 83 厘米。

此桌桌面框边大倒棱，束腰起洼，牙板起浑，边盘阳线通腿足马蹄处。拉空方钩插角。此桌线脚素静，装饰也不见繁复，是清代中晚期方桌常见的一种形式。

图 219 方钩纹插角大理石面方桌

8. 灵芝纹插角霸王档方桌（图 220）

桌面边长 90 厘米，高 83.5 厘米。

此桌的特色是线脚特别繁复：桌面框边平线下大倒棱起阳线；束腰中间起弄堂线，两旁起洼线，上下角作平面；叠刹起碗口线；牙板螳螂肚，盘阳线卷云纹。四腿足安置霸王档。透雕灵芝插角。技法圆润，不见刀痕，能在精微之中现出生动自然的作风。该桌是清代中期红木家具中一件选料精良、技艺精湛的佳作，制作年代可能在乾隆时期。

图 220 灵芝纹插角霸王档方桌

9. **桥梁档云石面方桌**（图 221）

桌面边长 81.5 厘米，高 81 厘米。

此桌云石镶平面。马蹄足，桥梁档加矮柱是常见的做法。它仍是清代方桌的基本形式之一。

10. **双圆钩桥梁档云石面方桌**（图 222）

桌面边长 81.5 厘米，高 81 厘米。

此桌云石镶平面。桥梁档两端圆钩，嵌一小珠，凸梁紧贴牙板，整体造型在桌面框边、束腰、牙板和桥梁档的相互错落中显示出不同寻常的特点。方杌、茶几、花几等皆见如此的构造和形式，可能是苏做红木家具的一种地区特征。

图 221 桥梁档云石面方桌

图 222 双圆钩桥梁档云石面方桌

11. **方汉纹如意头攉脚档八仙桌**（图 223）

桌面边长 97.5 厘米，高 82 厘米。

方桌面框大倒棱压边线，束腰起洼。方料直脚马蹄雕回纹方卷珠。方汉纹如意攉脚档起洼盘线珠的做法，使该桌取得了不同一般的效果，在整体上也是一件繁简得当、工艺出类拔萃的上乘佳品。制作年代大约在清代中期。

12. **粉彩瓷面八仙桌**（图 224）

桌面边长 92.3 厘米，高 86.5 厘米。

“木器镶嵌瓷片至雍正（1723－1735 年）年间宫内开始流行”，[36] 民间当在此前后。此桌较晚，已是道光年间制作的粉彩瓷面桌，腰脚精致，牙板采用钩子头连带绳璧纹，是苏做的一种典型装饰手法。

[36] 引自朱家溍《雍正年的家具制造考》，《故宫博物院院刊》，1985 年第 3 期。

图 223 方汉纹如意头攉脚档八仙桌

图 224 粉彩瓷面八仙桌

13. **有束腰嵌黄杨收腿式八仙桌**（图 225）

桌面边长 97 厘米，高 82 厘米。

方桌束腰平地，嵌黄杨木条装饰。方腿内收至脚端浮雕卷珠搭叶纹，填方块小足。绳璧档两端灵芝方汉纹攉脚牙，供璧两边嵌绞藤结子。此桌造型和装饰均是清代晚期方桌常见的形式。

14. **有束腰灵芝纹花牙收腿式八仙桌**（图 226）

桌面边长 98.5 厘米，高 81 厘米。

此桌与前例形式相似。四腿足间安灵芝纹拉空雕花板，收腿至脚端浮雕兽面。这是清代晚期方桌的装饰特征。

15. **嵌螺钿收腿式八仙桌**（图 227）

桌面边长 95.5 厘米，高 83 厘米。

这张桌子除桌面外，全身几乎布满疏密不等的螺钿花草纹样，牙板下横档三组椭圆形开光作铲地浮雕，左右是对称的“喜上梅梢”，中间是“鹤鹿同春”，装饰图案皆寓意吉祥。收腿至脚端外移成羊蹄足。该桌是清代晚期广式方桌的一种基本形式。

图 225 有束腰嵌黄杨收腿式八仙桌

图 226 有束腰灵芝纹花牙收腿式八仙桌

[37] 原图见《清代家具艺术》，台北历史博物馆，1985 年出版。

图 227 嵌螺钿收腿式八仙桌

16. 直牙板嵌螺钿方桌（图 228）

桌面长 91 厘米，宽 89.7 厘米，高 80 厘米。

此桌 [37] 除束腰以外，在其他所有部位都嵌螺钿作装饰，花纹细密繁缛，在与粗直形体的对比中，显得格外强烈，体现了广式家具晚期的艺术风格和特色。此桌与四凳配成一堂。

图 228 直牙板嵌螺钿方桌

17. 双抽屉云石面方桌（图 229）

此桌由两截拉空卍字锦纹的花板构成镂花束腰。抽屉装在脚档与牙条之间，中立一矮柱，左右成对。抽屉面浮雕花鸟纹，外盘阳线圈堆肚，装铜面叶和拉手。到清代时，抽屉桌渐多，该桌是带抽屉方桌中一件材精工巧的实例。

图 229 双抽屉云石面方桌

（九）棋桌

棋桌是一种具有专用功能的桌子，大多为了满足主人“琴棋书画”的雅趣而精心设计，精工制造。

1. 竹节纹棋桌（图 230）

桌面边长 75.5 厘米，总高 83.5 厘米。

此棋桌为方桌式，桌面另做。用时揭开，便是一块可翻动的双面棋盘，一面画围棋局，一面画象棋局。棋盘下是三个藏室，左右两个有木轴盖板可关启（图 231）。棋盘桌面四边均用板料镶平，对角设有方盒各一，装在方孔内，供下棋时放置棋子，用材均为黄杨木。棋盘外镶红木框，盖面红木框做瘿木镶平面。棋桌腿足、折角桥梁档及矮柱均雕双竿竹节纹，在分成两竖三横的空间中做成抽替，[38]其他装起堆肚的墙板，均浮雕阳线和竹叶纹。这是棋桌中一件具有代表性的实例。

[38] 抽替即“抽屉”。据宿白《白沙宋墓》注：抽替一词，见黄庭坚帖，“唐临夫作一临书桌子，中有抽替”。可见古时早有“抽替”这一名称，现江南仍有称“抽屉”为“抽替”的。

图 230 竹节纹棋桌

图 231 竹节纹棋桌面盖、棋盘和木轴盖板藏室

（一〇）半桌

半桌是长度与方桌相当的长方形桌子。红木半桌，清代前期多于后期。

1. 四面平式云石面半桌（图 232）

桌面长 79.5 厘米，宽 53 厘米，高 82 厘米。

此桌方柱直腿，上端与牙板格角交接，牙板盘线香线[39]方结勾云纹，加饰两朵小灵芝，腿足端头精雕搭叶纹。根据榫眼，牙板与腿间原似有插角。桌面镶平面云石，面框边沿直角平面，仅出牙板一线，几乎做平。形体方正挺直，平淡中反而显出此桌素简淳朴的造型特色和不凡的工艺水平。

[39] 线香线：阳线的一种。因凸起的线形如滚圆的线香形，民间工匠称之为“线香线”。

图 232 四面平式云石面半桌

图 233 广彩瓷面收腿式半桌

图 234 有束腰霸王档半桌

2. 广彩瓷面收腿式半桌（图 233）

桌面长 94 厘米，宽 59.5 厘米，高 84.5 厘米。

此桌形体结构与前例相同，造型变化在脚柱，上部内收挖弯。牙板浮雕勾云纹起洼线，螳螂肚盘阳线与腿柱接通。另设变云纹插角起洼线。桌面框与瓷板框面镶平，边沿起文武线。这张半桌的制作年代明显晚于前例。

3. 有束腰霸王档半桌（图 234）

桌面长 88.2 厘米，宽 45.6 厘米，高 81 厘米。

此桌面框边沿线脚平面倒棱压阳线，束腰平地。牙板挖圆角盘阳线与方柱直脚接通，脚头马蹄足。腿足有明显窄势，并用霸王档加强稳固。此桌处处表现出一种“明工”气息，给人以神采奕奕的感受，是清代早期或中期一件以红木为材料的优秀明式半桌。

（一一）写字台

写字台在清代中期以后才渐渐增多，也是中西合璧的产物。许多写字台在式样上大致相近，只是在构造上有些区别。一直到现代，写字台仍是大同小异。大理石三镶面写字台（图 235）和仿竹节纹拼装式写字台（图 236）就是两种基本形式的实例。

图 235 三镶石面写字台
图 236 竹节纹五件拼装式写字台

（一二）圆桌

清代多圆桌，这也是红木家具品种的一大特色。圆桌在形体构造上与明式家具有许多不同之处，工艺制造也更繁复，不少形式在清式家具中都具有典型意义。

1. 独梃广石面大圆桌（图 237）

圆桌面径 133 厘米，高 92.5 厘米。

此桌桌面广石镶平面，边饰莲花瓣一圈，面下安镂雕缠枝花叶纹牙板，雕刻细致快利，花叶翻卷生动活泼。中央立圆形柱腿，分层圆雕西番花叶纹边饰。腿柱下端三足分叉，立雕兽头和西番叶纹。三足站于圆形底盘上，盘有六足。该桌体形高大，雕饰繁缛精丽，材质红木、花梨木等兼有，花板部分还采用其他木料，是一件清代晚期很有价值的大圆桌。

图 237 独梃广石面大圆桌

2. **独梃广石面小圆桌**（图 238）

桌面径 87 厘米，高 85 厘米。

此桌桌面框边混圆，下安一圈波状实雕条形花牙。面下中央立圆柱式独腿，分两节，上节装三组灵芝纹斜档，下节立三支灵芝纹站牙；上下运用转轴连接，桌面可转动。腿下设有拉空花结的圆座承托，座底装有带插角的六矮足。这是晚清、民国时期江浙地区普遍流行的形式。

3. **五开光式雕夔龙纹鼓形圆桌**（图 239）

桌面径 78 厘米，高 83 厘米。

此桌与鼓凳配套，做法与鼓凳毫无二致，仅是形体尺度的放大。可参见杌凳第九例。有的还在牙板与腿交接处增安拉空雕夔龙纹插角（图 240）。这类圆桌大多是清代后期的制品。

图 238 独梃广石面小圆桌

图 239 五开光式雕夔龙纹鼓形圆桌

图 240 五开光式雕夔龙纹鼓形圆桌（全套一桌五凳，现缺一凳）

图 241 广石面收腿式六足圆桌

4. 广石面收腿式六足圆桌（图 241）

清代各种家具几乎都有收腿式的做法，这类圆桌也作此式样。该桌广石镶平面，面框与腿柱作格肩榫，牙板拉空起洼，勾云卷草纹，中嵌小圆璧。六腿足间设大团花连脚板，外圈六朵如意云头纹，中设西洋花叶纹。这也是晚清时广式圆桌的一种基本形式。

5. 广石面架腿式大圆桌（图 242）

此桌面框边沿雕上下连凸纹一圈，面下安西番莲草叶纹。桌面由一个六柱的台架作支撑，架分两层，上层托住桌面，下层着地。上层六柱圆雕，连柱横档与下层架面均浮雕卷草纹。造型奇特，纹饰富丽，雕刻繁缛。

图 242 广石面架腿式大圆桌

（一三）半圆桌

半圆桌也称“月牙桌”，通常靠墙安置陈设。两张半圆桌又可合成一张整圆桌，是清代红木家具常见的品种。

1. 广石面嵌螺钿半圆桌（图 243）

广东多嵌螺钿家具，此半圆桌是又一实例。桌面为广石镶平面，牙板下饰对称如意结，柱腿上粗下细，脚头增大后雕如意云头纹，近云头处安踏脚档。牙板、腿上部均嵌螺钿，该桌是广式半圆桌较典型的一件实例。

图 243 广石面嵌螺钿半圆桌

2. **有翼龙纹半圆桌**（图 244）

圆桌面径 100.3 厘米，高 84.5 厘米。

此桌鼓腿膨牙，牙板浮雕“双龙戏珠”，龙纹张翼展翅，驾一朵祥云；螳螂肚盘阳线，连鼓腿雕龙纹处横线折转沿接。龙纹插角镂空透雕。足部雕兽面卷云如意纹，相互糅合，极富变化。足下踩小球，使腿足有一种凌空的感觉。桌面瘿木镶平面。束腰平地起长条形堆肚，叠刹起碗口线。连脚团花板拉空云纹，混面嵌一蝙蝠纹，中饰寿字纹。

该桌两半成对合一圆桌，用料硕大，构造严密，做工精良，具有厚拙文绮的艺术效果。

图 244 有翼龙纹半圆桌

图 245 草龙纹半圆桌

图 246 收腿式小半圆桌

3. **草龙纹半圆桌**（图 245）

桌面径 124.5 厘米，高 87.5 厘米。

此桌形式与前例相同，纹饰简单，且不安连脚团花板，故能以平易见长，与前例均属苏做圆桌的基本形式，流行于清代中晚期。

4. **收腿式小半圆桌**（图 246）

桌面径 74.7 厘米，高 81 厘米。

此桌螳螂肚牙板起阳线，盘卷云如意纹，收腿处雕卷云珠。其他各部分都光素无华，磨工光洁，形体圆浑，小巧别致。

（一四）案

案是中国古代家具的传统品种，造型和式样富有鲜明的民族特色，但清代早期以后出现了日新月异的变化，并在变化中渐渐改变了它原有的形式。这一变异从红木家具中也能看到。

1. 夹头榫素牙头平头案（图 247）

案面长 130.5 厘米，宽 42 厘米，高 79 厘米。

此案系最常见的明式夹头榫平头案，圆腿，素牙头，横档两根，无其他构件和装饰。这类以红木为材料的平头案，如今已见数十件，仔细观察实物的造型和做工，其中不乏清代早期的制品，说明红木也是明式家具的重要用材之一。

2. 夹头榫云纹牙头平头案（图 248）

此案与前例不同处仅在牙头，稍作镂挖成如意云头纹。牙条近牙头尖钩处挖缺一块，使牙条中间部位出现一条螳螂肚。对于明清家具牙条特征的认识，此案无疑有着一定的意义，可供进一步研究。

图 247 夹头榫素牙头平头案

图 248 夹头榫云纹牙头平头案

图 249 夹头榫撇脚翘头案

3. 夹头榫撇脚翘头案（图 249）

案面长 122 厘米，宽 40 厘米，高 86.5 厘米。

面框劈开一平一浑，内起溜肩线脚，心板做落堂面，翘头卷书式。牙板雕饰宽大的云头，起阳线，嵌圆珠，牙板中段浮雕方汉纹。腿足明显外撇，腿面边沿略浑起双阳线，至脚头卷云纹与花结相接，下踏方珠。两根横档取方料。腿足外撇系胶贴结构，一足贴片已脱落。其制作年代明显已晚。

图 250 平肩榫翘头案

图 251 瘿木面带隔层平头小书案

4. 平肩榫翘头案（图 250）

此案直腿与案面平肩榫连接，不安牙条，两旁装上不伦不类的插角，案下两板又装饰繁复的寿字，可视作整体失调的一例。

5. 瘿木面带隔层平头小书案（图 251）

案面长 65.5 厘米，宽 40 厘米，高 78 厘米。

这类小案在江南地区称为"小书案"或"小书桌"，是明式案类中的一个重要品种。此案瘿木镶平面，在腿间加档打槽装搁板，形成小案的隔层，也成为其基本的形式特征。小案大都苏做，具有鲜明的地方特色。制作年代一般不晚于清代早期。

6. **瘿木面带隔层平头小书案**（图 252）

案面长 73.5 厘米，宽 39.7 厘米，高 78 厘米。

此案与前例几乎完全相同，仅牙头处略见方正，说明隔层小书案在江南地区早已形成基本形式。朴质、简练、平素、耐看和实用，都是它所具有的优良品质。

7. **带抽屉平头小书案**（图 253）

案面长 70 厘米，宽 34.7 厘米，高 84.5 厘米。

此案与前两例所不同的是将腿柱中间的牙条部分改置成两个小抽屉，增强了小书案的实用性。该案制作年代已晚，可能是嘉庆、道光年间的制品。

图 252 瘿木面带隔层平头小书案

图 253 带抽屉平头小书案

8. **摧脚档长书案**（图 254）

案面长 121 厘米，宽 51 厘米，高 81 厘米。

长书案是平头案的一种，只是在江浙地区称呼不同，主要供书房、斋轩等陈置使用。此案采用长短木条兜接，构成北方所称的“攒牙”，用桩头与腿足、面框相连接，是传统的变体做法，很有特色，其制作年代可能在清代中期。

图 254 擢脚档长书案

9. 近地管脚档长书案（图 255）

案面长 143.5 厘米，宽 43 厘米，高 85.5 厘米。

此案折角牙头桥梁档，安六矮柱，抛头[40]角牙，均十分别致。管脚档近于面地，明味十足。

[40] 案形家具腿足两侧外案面部分称“抛头”，北方则称“吊头”；桌形家具桌面伸出腿足外的部分，也称“抛头”，北方又称“喷面”。

图 255 近地管脚档长书案

图 256 禹门洞管脚档长书案

10. 禹门洞管脚档长书案（图 256）

案面长 145 厘米，宽 43.5 厘米，高 85.5 厘米。

该案与前例基本相同，折角牙桥梁档上仅置两矮柱。抛头角牙的形式，匠师称其为“仿铜器出戟”。两端横隔堂挖禹门洞。这是地方特色和时代特征均十分鲜明的又一品种和形式。

11. 扁腿钩云花牙书案（图 257）

案面长 117 厘米，宽 47.5 厘米，高 82.5 厘米。

书案在面框下安镂空钩云花牙一圈，管脚档上装所谓“冬瓜桩圈口”，下安牙条。这种面框安“花边”形式的平头案，是清代中期以后流行的式样，也有很长的长案，不仿可称作“清式书案”或“清式长案”。

图 257 扁腿钩云花牙书案

12. 圆腿长案（图 258）

案面长 179 厘米，宽 49.5 厘米，高 83.5 厘米。

此案尽用圆料，面框边沿也起竹爿浑。案面通长镶平面。两边和端头均设矮柱同横档兜接成桥梁式。四腿足侧脚明显，形态平稳。造型通透空灵，形象光素无华，是清代中晚期一件立意新颖的红木长案。

图 258 圆腿长案

图 259 扁腿嵌螺钿长案

13. **扁腿嵌螺钿长案**（图 259）

案面边沿镶嵌三角纹花边一圈，牙板挖地开光，浮雕点嵌螺钿“喜鹊登梅”和“鹿鹤梅竹”等图案，其他平嵌螺钿缠枝花叶纹。扁腿与牙板平肩榫连接。腿微微内收，足端外移稍尖。腿面嵌螺钿花纹三组，自上而下有“蝙蝠花篮”、“喜上梅梢”和曲枝花叶。两腿间设两横档，在其框内安几何形花档。这也是清式长案常见的样式。

14. **座架式长案**（图 260）

案面长 296 厘米，宽 49.5 厘米，高 91 厘米。

此案之长，实属罕见。为了在构造上标新立异，案的两端设计两个座架。座架采用长短料兜接而成，形体疏空，支撑均衡，加上案面下又做垛边一圈，不仅加强了案框的牢固性，又起着协调的装饰作用。长案用料系花梨木，不加雕琢，保持了木质纹理。造型虽属变体，但大型条案能如此疏朗、素静而不同寻常，应是值得称道的。

图 260 座架式长案

（一五）琴桌

琴桌这一名称流行于南方，是清代中晚期案桌的新品种。其形式有类似案的抛头，但抛头均有框料延伸接合，构成或圆或方的卷头，桌面下安相称的牙板，结构上也不采用夹头榫或插肩榫。所以，琴桌的形体和构造与传统案体结构相距较远，已成为一种新的品类。至于名称是否与古琴有什么联系，至今说法不一，但称呼早已是约定俗成了。

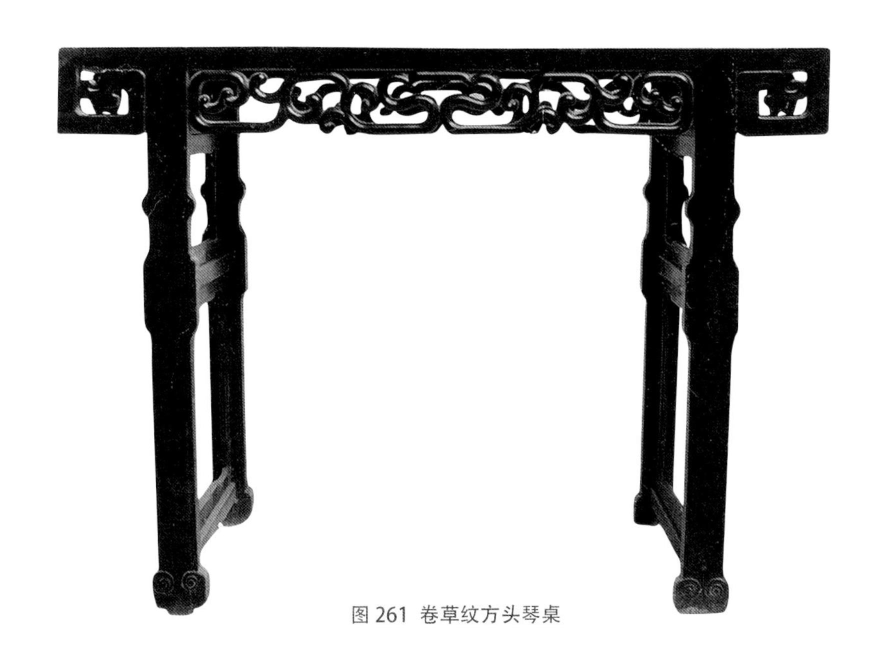

图 261 卷草纹方头琴桌

1. 卷草纹方头琴桌（图 261）

琴桌绝大部分作扁脚。该桌腿上部与桌面面框格肩榫连接，中段有两次加宽，以求线形变化，到足端浮雕如意云头脚。脚档三横，分别装有两圈口。两腿间的镂空花牙弯曲自如，犹如卷藤。造型比例均匀，虚实疏密得当，方圆曲直也有变化，比清代晚期雕琢繁琐的琴桌舒适耐看。

2. 花结擢脚档方头琴桌（图 262）

该琴桌卷头方钩，桌面框边平地盘阳线，扁脚上部与面平肩相接，三分之一处挖缺成台阶式细腰，将腿足分成上下两节。腿足边沿起阳线，上节浮雕花草纹，下节两端头分别雕出如意结。两脚柱间装云钩擢脚牙绳璧花结档，清代晚期至民国，琴桌装饰变化最多的就是这一部分。桌端两旁攒边打槽的虚镶，一般均做拉空花板，花纹繁复，工艺简单，是其明显的特点。

图 262 花结擢脚档方头琴桌

3. 三镶瓷面圆头琴桌（图 263）

圆头琴桌也称“卷书头”琴桌。因需卷头，故面框短边放宽顺弯转接，以便攒边起槽口装镂空花板。此桌卷书端头雕如意灵芝纹，是一种程式化的做法，牙板透雕双龙驾祥云戏珠纹。脚柱分心挖嵌长条瘿木，加强了腿形及色彩变化。这些造法均体现了琴桌的基本形式，桌面三镶嵌瓷板，更增加了一份古趣。

图 263 三镶瓷面圆头琴桌

（一六）天然几

有人认为，“画案在南方古有‘天然几’之称，到今天还被人沿用，北方则无此名称”。[41] 其实，清代所称的天然几同古代画案毫无关系，更不是指一般的翘头案。在江浙一带，它是专指摆在厅堂中间，后靠屏门，体形大多较庞大的案几型长台；它与供桌、八仙桌、太师椅等组成一堂，主要起陈设作用，可放置座钟、瓷瓶、屏座、供盆、奇石等。由于它处在中心位置，故极为讲究，尤其豪富大户，常用它来作为财富和地位的象征。于是，追求形体夸大，雕饰繁琐，甚至到了无以复加的地步，在晚期清式家具中也具有一定的代表性。

这里选一实例（图 264），它们企求表达的审美情趣和艺术格调便可一目了然。

[41] 见《明式家具研究》页58、65。

图 264 实地雕灵芝纹翘头天然几

（一七）条桌

清代长条形桌子的品种和名称很多，这里取其泛称，列举五例。

1. 皮带线瓜棱式直腿条桌（图 265）

桌面长 141 厘米，宽 63.1 厘米，高 85.2 厘米。

条桌的桌面面框边沿倒棱后间隔起皮带线和皮带洼线，形成了四条劲挺而富有变化的线脚，与瓜棱式直腿线脚相互呼应，产生了整体造型的主调和节奏感。档牙兜接，混面盘阳线，透光两端挖成海棠圆弧形，从而使该桌在虚实得当中显得更加均衡、疏朗，体现了清代中期红木工艺的优秀水平和造型的推陈出新。

2. 四面平式绳璧档条桌（图 266）

桌面长 129.5 厘米，宽 40.7 厘米，高 81.7 厘米。

此桌的直柱方腿与桌面面梃直接作粽角榫相交，成“三角齐尖”四面平式，脚头雕方回纹。横档绳纹中央系供璧，并选用黄杨木实地雕小供璧作结子，分嵌在大供璧两旁。牙头采用兜接钩子头擢脚。条桌横隔堂一做落堂透雕，一安圆角圈口。这也是一件整体造型利落大方的晚清条桌。

图 265 皮带线瓜棱式直腿条桌

图 266 四面平式绳壁档条桌

3. **三镶云石面条桌**（图 267）

桌面长 127.5 厘米，宽 39.7 厘米，高 85 厘米。

此桌短边混圆后与长边和扁腿采用粽角榫的造法相连接，表现出与一般四面平式不同的形式感。扁腿直脚至足下挖缺，足端雕圆脚头，做法与“马蹄”或“搭叶卷珠”均不相同。管脚档作桥梁式。勾云纹擢脚绳璧档，在圆璧两旁各嵌一分心结。桌面作三镶，三块云石纹理、色彩富有变幻，意趣生动（图 268）。这是一件饶有风味的清式条桌实例。

4. **钩子绳纹档花结条桌**（图 269）

桌面长 166 厘米，宽 48.5 厘米，高 82.5 厘米。

此桌与前例大致相同，仅牙档装饰稍有变化，形体比较修长，疏密关系适中，它们均是清式苏做条桌的流行形式。

5. **有束腰拐子龙纹条桌**（图 270）

桌面长 135 厘米，宽 44.5 厘米，高 86.3 厘米。

桌面大倒棱压阳线，束腰平地起长条形炮仗洞阳线。牙板边沿起阳线盘拐子龙纹，牙档镂空盘线珠拐子龙纹，中连云头如意纹，纹饰精致。方腿直脚，马蹄足。这是清代晚期以后苏做条桌的一个实例。

图 267 三镶云石面条桌

图 268 三镶云石面条桌桌面

图 269 钩子绳纹档花结条桌

图 270 有束腰拐子龙纹条桌

（一八）供桌

供桌是天然几前的一种长方形桌子。因为要能与天然几配置相称，一般用料粗大，形态壮实。所见供桌大多数是清代中晚期的制品。

1. 四面平式灵芝纹插角供桌（图 271）

桌面长 192 厘米，宽 66 厘米，高 87.5 厘米。

桌面框边起一洼一浑的文武线脚，独板镶平面。腿柱子直马蹄足。牙板稍稍挖出螳螂肚盘阳线，凹处安透雕的灵芝插角，可惜前后已有失落。此桌腿柱与牙板格角相交后再与桌面接合，面框与牙板做平，呈四面平式。这对于形体较大无束腰的供桌来说，可避免面框过于单薄的缺点。有人认为“入清以后，四面平式的桌子多数采用粽角榫结构，很少有另加桌面的造法了”，[42] 但红木家具仍多采用加桌面来造成四面平式的，除上述有云石面半桌之类以外，该桌又是很好的实例之一。

[42] 见《明式家具研究》，页 58、65。

图 271 四面平式灵芝纹插角供桌

2. **三拼瘿木面供桌**（图 272）

此桌面框两长四短，三拼瘿木作镶平面。面框边沿大倒棱起阳线。束腰平地起炮仗洞式堆肚，叠刹做碗口线。粗方料收腿式弯脚，足头雕兽面纹。牙板透雕莲藕纹样。造型稳重严实，木作挺括，漆作光滑，是厅堂中很有代表性的红木供桌。

3. **楠木面方回纹插角供桌**（图 273）

桌面长 137.5 厘米，宽 65.7 厘米，高 85 厘米。

桌面楠木面心镶平，面框大倒棱盘阳线，束腰两浑一洼。收腿式弯脚，足头雕方回纹踩方珠。方回纹插角嵌一星一珠，牙板素浑盘阳线。

图 272 三拼瘿木面供桌

图 273 楠木面方回纹插角供桌

4. 鼓腿膨牙供桌（图 274）

桌面长 106.5 厘米，宽 66.9 厘米，高 80 厘米。

此桌面框挖弯、逆角，形成荷叶面，大理石镶平。束腰上半部雕漩涡纹，下半部雕方汉纹，牙板和腿足均平地浮雕宝相花和卷草纹，前后牙板还开光透雕四组窗景花，两两对称。牙板靠束腰处圈一周如意卷珠花边，下饰透雕波状形草叶边。腿足外圆里方以利镂空雕刻。

此供桌装饰之精细、繁褥，称得上是清式的典型，用材不像常见的红木、花梨木。

图 274 鼓腿膨牙供桌

（一九）茶几

自清代早期起，茶几的使用日益普遍，常与椅子组合陈设，配套使用，因此在形式上大多同椅子保持一致。简与繁的变化，主要取决于功能上的需要，如隔层、抽屉、高低层等。由于其形体较小，构造简单，在造型和装饰上也常常表现出自己的特色。

1. 瘿木面四面平式茶几（图 275）

几面边长 43 厘米，高 77.5 厘米。

脚柱方料与几面粽角榫接合，形成四面平式。瘿木镶平面。上档兜接对称勾云纹，连脚档旋方式，脚头马蹄足。此几造型方正直率，整体比例匀称，是一件颇见个性的方形茶几。

图 275　瘿木面四面平式茶几

2. **勾云纹落堂面茶几**（图 276）

几面长 50 厘米，宽 31.5 厘米，高 77 厘米。

方腿直脚，外沿减边做，内盘阳线。几面落堂面起“拦水”作用。面框下荷叶牙盘阳线勾云纹。桥梁式管脚档与脚柱底端交角相接，但不着地，脚料穿出脚档做小方足。

3. **桥梁档镶平面茶几**（图 277）

几面边长 41 厘米，高 77 厘米。

圆材直脚，面框边沿混圆，采用粽角榫连接，几面镶平面。上下皆用圆材桥梁档，上档与框间植四矮柱。脚头采用挖缺的手法造出马蹄状，江南匠师俗称“蜒蚰脚”。桥梁档加矮柱是无束腰茶几的一种基本形式。

图 276 勾云纹落堂面茶几

图 277 桥梁档镶平面茶几

图 278 有束腰镶平面茶几

图 279 有束腰勾云纹茶几

4. **有束腰镶平面茶几**（图 278）

几面长 50 厘米，宽 40 厘米，高 85 厘米。

此几原刊《中国花梨家具图考》，几面边沿作大倒棱起阳线，束腰起洼。牙板螳螂肚盘阳线，踏脚桥梁档，脚头挖缺呈马蹄形。它是清代中晚期红木茶几具有代表性的一种式样。

5. **有束腰勾云纹茶几**（图 279）

几面边长 40 厘米，高 75 厘米。

此茶几与前例大致相同，仅面框边沿、束腰线脚较精致，牙板螳螂肚起阳线雕勾云纹。

这类形式的茶几已见到几十例，可见它在江浙一带广为流行，流传至今的尚有不少。

图 280 天盘线带隔层方茶几

图 281 四面平式带隔层方茶几

6. 天盘线带隔层方茶几（图 280）

几面边长 37 厘米，高 75.3 厘米。

此几光素无雕饰，在中间稍上部位四腿间安内凹桥梁式横档，起槽装板设置隔层。面心落堂做，面框则自然高起，在面框内沿又盘一周阳线，板心下沉更明显。阳线做在面框外沿称“拦水线”；阳线起在内沿，民间匠师称“天盘线”，这里也起“拦水”的作用。

7. 四面平式带隔层方茶几（图 281）

几面边长 48 厘米，高 75.2 厘米。

此几直脚方料四面平式，上档两端作方钩，中间嵌向下回钩的结子。四腿间安内凹桥梁式横档，起槽装隔板。马蹄足刻回纹。该茶几构造简明，落落大方。

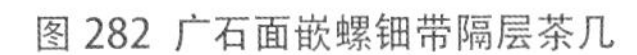

图 282 广石面嵌螺钿带隔层茶几

图 283 广石面高束腰带隔层茶几

8. 广石面嵌螺钿带隔层茶几（图 282）

几面长 45 厘米，宽 35 厘米，高 79.5 厘米。

此几大理石镶平面，收腿式，腿部上方下圆，内收处雕卷珠，往下设隔层，档下装盘阳线牙条。足端羊蹄形。几面下花牙透雕缠枝如意纹，点嵌螺钿。该几是清代广做茶几的一种基本形式。

9. 广石面高束腰带隔层茶几（图 283）

几面边长 44.5 厘米，高 79 厘米。

此几与扶手椅第十例（见图 183）配套，是广式茶几中非常典型的形式。

图 284 广石面十角星带隔层茶几

图 285 冰纹格带隔层茶几

10. 广石面十角星带隔层茶几（图 284）

此几从面框到腿足都满雕多种装饰花纹，题材内容有折枝梅花、联珠、莲瓣、如意、花果、卷叶等，雕刻的手法有浮雕、平地实雕、透雕、悬雕等，都能呼应协调；而隔层却如一个光素的圆盘，被嵌装在五腿中间，形成强烈的对比。这种意匠鲜明地反映了人们装饰观念上的新变化。

11. 冰纹格带隔层茶几（图 285）

几面边长 46 厘米，高 76 厘米。

几面盘拦水线。束腰平地嵌黄杨木两条，牙板裹腿做浮雕云纹和双龙戏珠纹。该几除四腿间安装隔层外，管脚档间兜接冰纹格，所有线脚圆浑，用料较细，工艺也颇考究。

图 286 四合如意纹收腿式方茶几

图 287 四合如意纹两式腿方茶几

12. 四合如意纹收腿式方茶几（图 286）

几面边长 47.3 厘米，高 75 厘米。

此茶几用料粗壮厚重。面框边沿起平地倒棱盘阳线，束腰起洼。方腿内收弯处雕勾云灵芝纹。“田”字连脚档内嵌四尾草龙图案。这是一件与独座配套，适合于厅堂陈设的晚清茶几。

13. 四合如意纹两式腿方茶几（图 287）

几面边长 43.5 厘米，高 77.5 厘米。

此茶几与前例构造基本相同，但在造型上前者严谨，后者丰艳。其原因，主要在于“做方”与“做圆”。

通过实例比较，我们对清代红木家具的造型和装饰又会悟出一点道理。

14. 广石面双层茶几（图 288）

几面长 69.5 厘米，宽 34 厘米，前高 57 厘米，后高 82.5 厘米。

几面、台面皆嵌广石镶平，框料劈开做芝麻梗，卷书头。脚柱分心做，广州称做“花瓶脚”。前后脚柱间安拉空花牙，与上部台柱站牙均雕缠藤纹饰。双层茶几是广式家具的又一新形式。

图 288 广石面双层茶几

（二〇）花几

从唐宋绘画中，我们就能看到陈设盆花的几架，但未见有实物流传下来，就是明代的花几也未见介绍。现在能看到的红木花几绝大多数是清代中叶以来的实物，且“苏做”、“广做”泾渭分明。

1. 绳璧纹档花几（图 289）

几面边长 33 厘米，高 134.5 厘米。

此几直脚方料与面框粽角榫连接，面框下缠曲绳纹连一圆形拱璧。桥梁式管脚档和马蹄足都是清式常见做法。

2. 灵芝纹花牙六边形花几（图 290）

几面对角长 33 厘米，高 111.6 厘米。

此花几虽与前例形式不同，但构造完全一样。花牙采用三朵透雕灵芝，足端挖蜒蚰脚。

图 289 绳璧纹档花几

图 290 灵芝纹花牙六边形花几

3. 双圆钩桥梁档花几（图 291）

几面边长 26.5 厘米，高 92 厘米。

此几直脚圆料，几面框边竹爿浑，顶面起拦水线，束腰洼线。桥梁档两端圆钩，凸梁与牙条相接，管脚档也用桥梁式。此几整体圆润素洁，给人以秀美的感受。

图 291 双圆钩桥梁档花几

图 292 桥梁连柱式花几

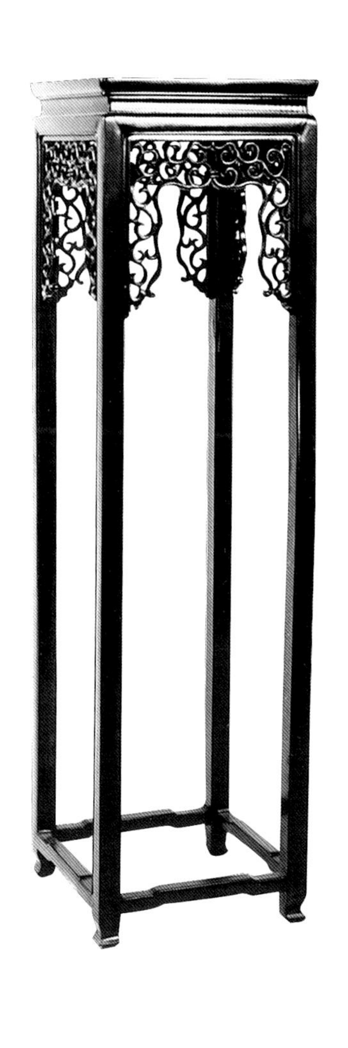

图 293 挂落式花牙花几

4. **桥梁连柱式花几**（图 292）

几面边长 35.5 厘米，高 134.5 厘米。

所谓桥梁连柱，是指矮柱与桥梁档连做在一起，将凸梁加在矮柱间。

此几面框边沿平线下大倒棱，束腰双洼。管脚档桥梁式，挖缺马蹄足。这也是花几中常见的一种。

5. **挂落式花牙花几**（图 293）

几面边长 37.8 厘米，高 134 厘米。

此花几与前例比较仅牙档简繁不同，其他均系清式花几的常规做法。不过，这件拉空细藤花牙的花几，已是民国时期的制品。

6. **嵌黄杨木双圈结花几**（图 294）

几面边长 38.5 厘米，高 125.2 厘米。

几面下四角立矮柱，柱下再与四腿足和桥梁横料相接。腿柱劈开一浑一洼，中起阳线。浑料横后直上到面折弯，洼料中间横接造成凸梁，上嵌黄杨木双圈结，下嵌黄杨木分心汉纹结，插角为黄杨木方汉纹嵌珠。该几构造奇特，显然是受到西方的影响。

7. **带托泥雕花花几**（图 295）

几面边长 34 厘米，高 101 厘米。

几面收进，牙板外翻雕菊花瓣连缀一圈，下接透雕西洋花纹。方脚先直再内收，收后弓背内弯，足端卷珠搭叶，立于桥梁形扁料托泥之上。整体造型见棱见角，明快醒目，是一件较有新意的广式花几。

图 294 嵌黄杨木双圈结花几

8. 宝珠纹圆花几（图 296）

面径 33 厘米，高 95 厘米。

此几作镶平面，框边起剑棱线，束腰起洼，在结构上作活动分架式，不与花几下身连做。几身膨牙雕五宝珠，与直腿格肩榫接合。腿足平地起双阳线，足端挖勾脚，五足均装有弯钩，与连脚风转轮相接。连脚圆轮与几面上下呼应，整体比例匀称，造型挺秀优美。

9. 斜腿式圆花几（图 297）

此几作落堂面，框边起剑棱线，束腰平地，不与下身连做，与前例均为可脱可放的活动分架式。腿足上部扁方，下部圆直，扁方处平地盘阳线，中间镂空，空洞长方，上平下圆，周边盘阳线。两腿间安方汉纹攉脚牙，因多勾折而显得过分繁复。五足斜出，足端挖钩，并兜接近似圆形的圈脚，内接镂空小团花连脚。该几上下呼应，具有良好的稳定感。

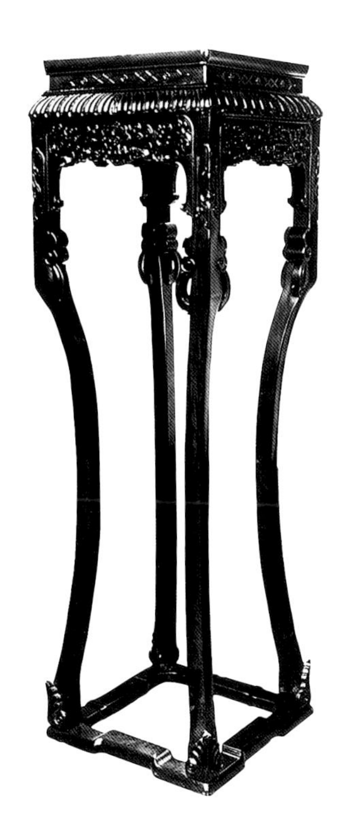

图 295 带托泥雕花花几

图 296 宝珠纹圆花几

图 297 斜腿式圆花几

10. 禹门洞圆花几（图 298）

面径 38.5 厘米，高 138 厘米。

此几面框边劈开双浑，束腰起洼镂禹门洞。叠刹与牙板一木连做起阳线。牙板螳螂肚挖禹门洞，柱脚劈开作芝麻梗，中段内收镂禹门洞。连脚档镂禹门洞“古老钱”。足端挖蜓蚰脚。花几做成如此透空玲珑、精巧婉秀的，并不多见。

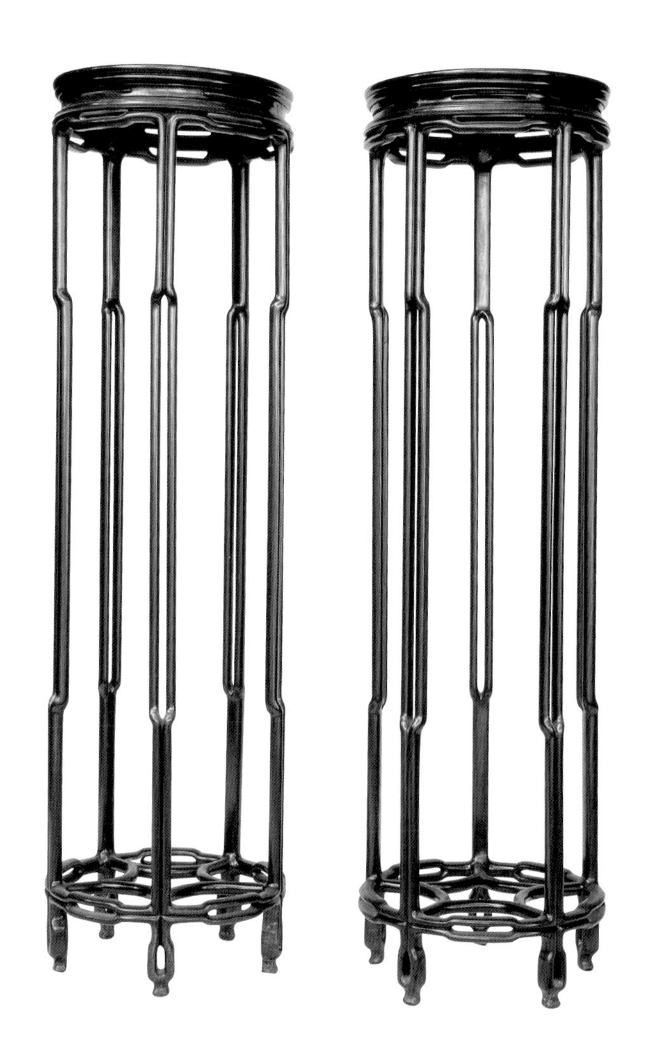

图 298 双圆钩桥梁档花几

11. **鼓腿膨牙满雕梅花纹圆花几**（图 299）

面径 30.3 厘米，高 73.5 厘米。

此几为广做，整体雕满梅花纹，四足连脚十字档也是广式的常见样式。

12. **高低台式花几**（图 300）

此几在功能上可根据需要而多置花盆，但上部过多的装饰和不协调的变化显得十分杂乱，下部搁层用钩子件支托，脚档作兜接等，都是弄巧成拙的不合理做法。清末民国时期，此类花几出现不少。

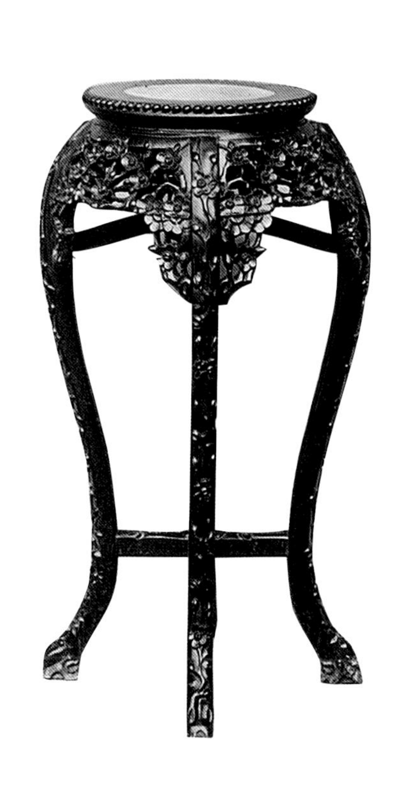

图 299 鼓腿膨牙满雕梅花纹圆花几

图 300 高低台式花几

（二一）套几

套几由若干张茶几形式的大小几组成，可分可合，四件组成一套的称“套四”（图301），六件组成一套的称“套六”。除小几外，其余均安三面脚档，以方便套进取出。平日套叠一起，数几仅占一几之空间，使用时取出可用来陈放花卉盆景，或权当茶几之用，非常方便，也颇具雅趣。套几大约自清嘉庆、道光以后流行，至今仍有生产。

图 301 套几（四件一套）

（二二）榻几

北方多炕，家具有炕上使用的炕几、炕案、炕桌等。南方多榻，榻中间从外向里常放置一条榻几，长度略短于榻的深度，刚好摆在榻面长边上，它是与榻配合使用的小件家具。

1. 有束腰如意云头足榻几（图 302）

几面长 73 厘米，宽 29 厘米，高 34.5 厘米。

几面镶平面，面框有拦水线一圈，束腰双洼。鼓腿膨牙三弯脚，足端外翻，雕弯转如意云头，下踩扁珠。牙板（称“抛牙”[43]）螳螂肚盘阳线珠，中间浮雕折枝梅花纹。其造型和装饰已近晚清。

[43] 抛牙：随着鼓形弯腿向外弯的牙板，北方称“膨牙”。

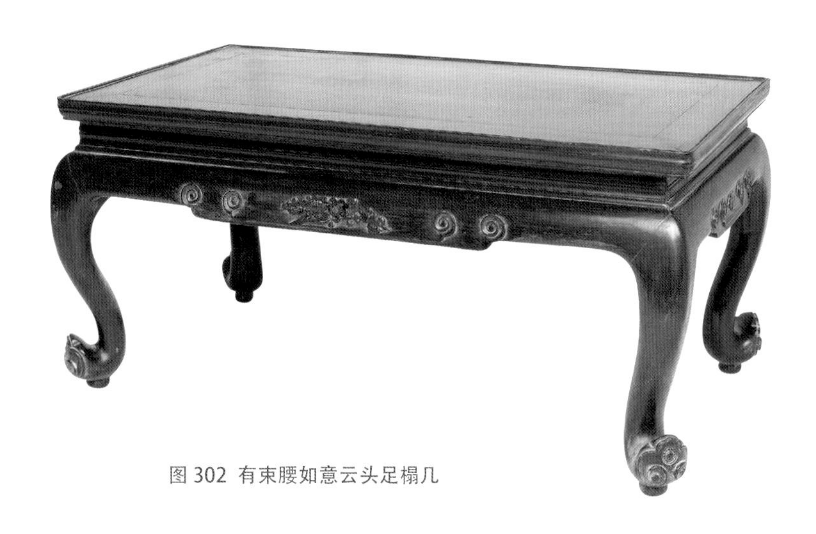

图 302 有束腰如意云头足榻几

2. 桥梁式攉脚档榻几（图 303）

几面长 82.5 厘米，宽 47.5 厘米，高 33 厘米。

此榻几扁腿，与面框采用粽角榫连接。两端混圆，近似四面平式，江南称“齐头平”。两侧隔堂，上起槽装板，下装圈口盘阳线。攉脚牙带垂钩雕卷珠，档上安两个雕花结子。

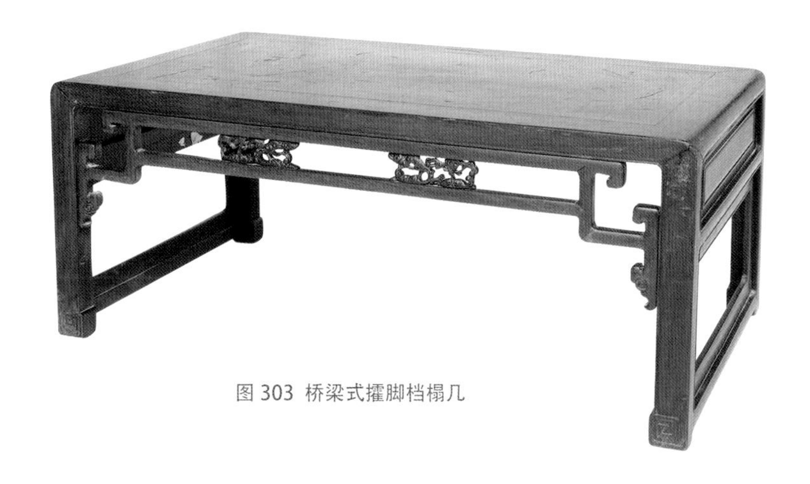

图 303 桥梁式攉脚档榻几

（二三）榻

江南称“榻”的，北方称为“罗汉床”。所见红木榻的形式主要有两种：一种是榻身鼓腿膨牙，三面安活络围屏的屏风榻，大部分为清代中期以后的制品；另一种为仅有后背，两侧或一侧安软枕的所谓“美人榻”，也称“贵妃榻”，更多是清代晚期以后的产品。

图 304 镶云石五屏式小榻

1. 镶云石五屏式小榻（图 304）

此榻后围屏风三扇，两侧各一扇，均镶纹理天然、色泽明丽的云南大理石，两侧屏框的底边前伸，折转后雕云头灵芝一朵。榻四腿柱方直，但两端作弯，以便上端与牙条连接后膨出；下端挖成马蹄，这与大料整挖鼓腿或直脚马蹄的做法不同。榻面框边大倒棱盘阳线，束腰起双洼，叠刹起阳线，牙板螳螂肚盘阳线，线脚的运用都集中在榻身。屏框均作混面。该榻尺寸较小，不能用于躺卧，大多安置在旧时女主人或小姐房内使用，料工都较考究。

2. **勾云纹镶瓷板坐榻**（图 305）

榻面长 117 厘米，宽 63.5 厘米，通高 101.5 厘米。

榻围作兜接勾云纹，后围正中嵌长方框景，瓷板嵌在设虚镶的框档中央。上部安有变形大云头搭脑，中间嵌接镂空拐子双龙戏宝珠。腿料曲度虽不大，但足端马蹄兜转有力。螳螂肚牙板浮雕拐子双龙戏珠纹，与搭脑装饰题材一致。此榻由于腿、牙均起平地双阳线，且至足底四周兜通，比通常做法更为精致，束腰又平地起堆肚，叠刹起碗口线，故整体形象处在清晰明快的线形之中，给人以特殊的感受。该榻虽用材较细，但均衡匀称，挺拔精神，有劲秀妍丽的美感。

图 305 勾云纹镶瓷板坐榻

3. 镶云石方圆景七屏式榻（图 306）

榻面长 201.5 厘米，宽 92.7 厘米，座高 52.5 厘米，通高 119 厘米。

红木榻多鼓腿膨牙，此榻也是一例。大挖马蹄，脚下填球形圆足，使这件体形硕大的卧榻有凌空不凡的感觉。两侧屏风连做，依势相隔，每屏均作虚镶，大理石镶在中屏圆景，与各屏方景皆选优美自然的山水花纹，色泽铿莹，气象生动，为大榻平添了无限的风光和情趣。

图 306 镶云石方圆景七屏式榻

4. 实板心五屏式榻（图 307）

榻面长 199.5 厘米，宽 125 厘米，座高 55 厘米，通高 108 厘米。

此榻与前例造型基本相同，唯屏风皆攒框起槽装板，心板落堂起堆肚。此榻刊于《中国花梨家具图考》，是一件不晚于清代中期的大榻。

图 307 实板心五屏式榻

5. 云龙纹大榻（图 308）

榻面长 227 厘米，宽 136 厘米，通高 117 厘米。

云龙纹大榻体态方正，形象庄严，与前几例比较，格调显然不同，其面框周边、束腰、榻围屏风框档皆平直，不混不曲，与屏板、腿足、牙板细密繁缛的浮雕形成鲜明对比。其间以隐起的细线进行过渡，充分显示出制造者匠心独运的设计构思和卓越的工艺水平。造型上，榻围由前向后层层升起，搭脑作方钩变形云纹。底边中间将横档抬起一料，形成亮脚，加强了形体的空间感。在雕刻上，题材的选择，纹样的组织，刀法的运用，都富有深刻的内涵。该榻选自《清代家具艺术》图册，是一件具有较高研究价值的清式红木大榻。

图 308 云龙纹大榻

6. 镶云石圆景七屏式榻（图 309）

榻面长 200 厘米，宽 117.5 厘米，座高 52.5 厘米，通高 130.5 厘米。

此榻榻身、榻围屏风框档均劈开双浑，也称“芝麻梗”，每屏皆以瘿木作虚镶，圆景内镶大理石。两侧屏前安插角灵芝。牙板平地实雕缠枝牡丹纹样，兽面兽足鼓腿。安放在榻面中央的是配套的榻几，都是晚清时的制品。

图 309 镶云石圆景七屏式榻

7. **嵌螺钿五屏式屏榻**（图 310）

榻面长 200 厘米，宽 120 厘米，通高 95 厘米。

此榻[44]是典型的广式嵌螺钿，这种细致精微的技艺水平和黑白强烈对比的艺术效果，可再次用来说明“清式”的风格特点。

[44] 原图见《清代家具艺术》，台湾历史博物馆，1985 年出版。

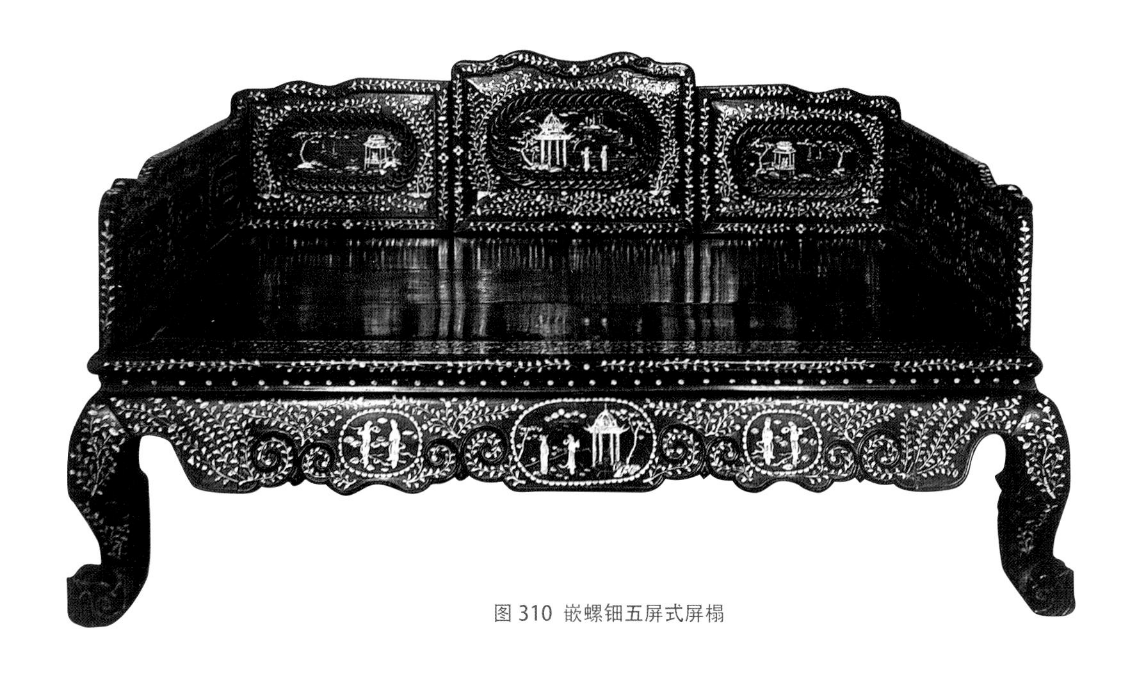

图 310 嵌螺钿五屏式屏榻

（二四）床

床是家具中的大件，故最能反映传统礼仪、民俗风情，文化氛围极其浓厚。尤其在江南一带，竟出现像浙江宁波地区的集雕刻、镶嵌于一身的千工床（图 311），顾名思义就能想象到它的浩繁、精美和气派。《通俗常言疏证》引《荆钗记》所说的“拔步床”（图 312），也是城乡富裕人家多有的家具，还有所谓“姐妹床”、“和合床”等，这些名称本身就蕴含着亲情和暖意。

图 311 千工床

图 312 拔步床

1. 四柱门罩式架子床（图 313）

此床与传统架子床的区别是安装一对座柜，前后安置抽屉，方便实用。这说明清家具不仅桌子大多装抽屉，在各类家具上，抽屉应用也非常广泛。床四角立柱柱头、柜体、床足的雕刻花纹已明显地受外来文化的影响，但玲珑剔透的床门罩和飞檐等，无论从形式上，还是从造物的意蕴上，都依旧承接着明清以来一贯的文化传统。“麒麟送子”、“子孙（葫芦）万代”、“连绵（绞藤）百吉”、“节节（竹节）高升”等寓意吉祥的图案，都被巧妙合理地装饰在这张精丽无比的红木大床上，从中不难感受到晚清时期的民情风俗。

图 313 四柱门罩架子床

2. **六柱式架子床**（图 314）

床面长 217 厘米，宽 139 厘米，通高 243 厘米。

架子床有四柱式、六柱式和门罩式等好多种。六柱式即床角立四柱，前沿左右在床梃上加立两柱。此床床柱均起捏角线，北方称“劈角线”。安置门围，与左右前后床围齐平。围栏分上下两格，间立矮柱，围板浮雕夔龙纹。上檐花板透雕灵芝、仙草、花叶纹，刀法圆熟细腻，前檐两侧安透雕草龙插角，后檐设倒挂楣牙子，皆淋漓尽致。床身高束腰，立竹节纹矮柱，分段镶板，浮雕夔龙纹，牙板分心雕饰兽面纹，左右饰龙纹和勾莲纹等。题材丰富多样，相互错落，形式古趣雅致，线纹蜿蜒流畅，疏密有致，表现出高度的技艺水平。床面细藤编制成软屉，下托马鬃棕绷。棕绷是江南地区家具的传统做法。编织藤面软屉一定要穿棕，穿编的形式和方法，也与家具制作时代的早晚有关。将这张床与《明式家具研究》中丙 17 正卍字围子架子床相比较，我们不难发现清式家具在制造工艺上取得的进步和提高。

图 314 六柱式架子床

（二五）橱柜

橱与柜，各地的名称与实物常不能一致，在这里我们暂按地区的习惯叫法来命名。

1. 立地博古架（图 315）

架顶长 114 厘米，宽 33 厘米，高 213 厘米。

博古架北方称“多宝格”，意思相同，主要用来摆设古玩。此架三面透空，后背安板。高低不等的分隔间也装板隔开，但均有镂空开光，形状各异。前柱脚间安绳璧攉脚档，左右安券口。柱料和搁档都起洼，格肩榫接合。这件博古架是清代苏做的常见形式。

图 315 立地博古架

2. 仿竹节纹古董柜（图 316）

此柜柜身无足，柜下另置一矮几承托。柜顶三面有围板，以弯竹、葡萄、缠藤对称式图案花板作镂空透雕。柜柱、门框、座几均雕饰竹节纹，每节生一片小竹牙。座几作鼓腿膨牙式，牙板浮雕花纹与柜顶呼应。柜门可装玻璃，内安四层搁板，用以陈列古玩或其他物品，为书房的常用家具。这是较为常见的一种广式古董柜。

3. 双门两脱式古董柜（图 317）

柜顶长 89 厘米，宽 35.5 厘米，高 183 厘米。

此柜与前例不同，上身是可供陈置古玩的什锦架，下身是双门橱，橱体全作传统的形式。门板瘿木面起堆肚落堂。形体简朴、单纯，是一种较常见的苏做陈列柜。

图 316 仿竹节纹古董柜

图 317 双门两脱式古董柜

图 318 双门带抽屉博古柜

4. 双门带抽屉博古柜（图 318）

柜脚柱外圆内方，上半部分通明，分格内安圈口、栏板和券口牙，皆施雕云纹。两小抽屉设在左下格底，抽屉面板盘阳线堆肚，平地实雕云纹，铜拉手。下半部分的两扇柜门落堂实地浮雕云龙海水江崖图案，面叶为铜制花篮吊牌拉手。前脚牙宽阔，满雕云纹，手法与抽屉面板同。这是一件十分精致的红木博古柜，制作年代不会晚于乾隆、嘉庆时期。

5. 带栏杆书橱（图 319）

橱顶长 96.5 厘米，宽 30.5 厘米，高 168 厘米。

此橱上部四面敞通，除正面外，其他三面安“品”字栏杆，采用圆料格肩榫兜接。柱料横档皆素混面。突出的是下部一对橱门板，平地浅浮雕花鸟画两幅，盘阳线一周。画面出枝转梗，翻叶花姿，以刀代笔，生动自然；飞蝶鸣鸟，顾盼传情，活泼传神，显示了不凡的功力和较高的艺术水平。牙板宽阔，雕平地阳线云纹，挺括饱满。这是红木家具橱柜类中继承明式余韵的优秀实例。

图 319 带栏杆书橱

6. **双门双抽屉雕拐子龙纹书橱**（图 320）

橱顶长 104 厘米，宽 40.5 厘米，高 180.5 厘米。

此橱形体与明式方角柜大致相近，但清式的特征历历在目，如橱顶加顶边和束腰，方回纹马蹄足和拐子龙纹等。令人思疑的是，门板之浮雕与牙条和抽屉面板的雕刻风格有明显差异，细观之下又无配置之疑，这对研究木雕的风格有一定参考价值。

7. **四门雕草龙纹矮橱**（图 321）

橱顶长 105.5 厘米，宽 43.2 厘米，高 115.6 厘米。

此橱方料直脚回纹马蹄足，橱顶板落堂做，束腰起堆肚，上下四门板均盘阳线堆肚，实地雕草龙纹，上下还分别雕有"鹤寿"和"福庆"吉祥纹样。风格接近清代晚期的瓷器花纹，制作年代不会早于晚清。

图 320 双门双抽屉雕拐子龙纹书橱　　图 321 四门雕草龙纹矮橱

图 322 三联大衣柜

图 323 法式带立镜大衣柜

8. 三联大衣柜（图 322）

此柜是依据西方形式，运用传统家具结构和工艺制作的新式红木大衣柜。两旁门稍狭，中间装玻璃的门较宽，柜内或分隔层，安抽屉，以便存置衣物，或安挂轴，可以将衣服悬挂在里面。雕饰有花环、花篮图案。柜迎面采用几何形区划的形式，以及柜顶式样等都是今日仍能见到的西式风貌。

这是民国时期上海地区迅速兴盛起来的红木家具新品种。

9. 法式带立镜大衣柜（图 323）

这是趋向于板式结构的红木立镜柜。传统的榫卯结构不再是这类家具的主要特色，更多的是运用胶合方法，以适应西化的形体结构，造型风格已是十足的西洋格调。因此，民间称之为“法式”。

图 324 云蝠纹翘头老爷柜

10. 云蝠纹翘头老爷柜（图 195）

兼有承置和贮藏两种功能的家具形式很多，但在红木家具中所见较少。这是一件类似北方称为“闷户橱”式的翘头柜，上部并联三具抽屉，下部左右立两柱，安墙板，中间立门闩一根，两边装一对柜门，民间俗称“老爷柜”。何故此名，说法不一，据说旧时常用其摆设菩萨佛像以及香案用具等。“老爷柜”名称虽为俚俗，但所见多十分讲究。除翘头之外，还有书卷头等形式。抽屉一、二、三不等。

此柜抽屉面板浮雕蝙蝠云纹，门板、墙板浮雕云龙纹样，雕刻刀法利落，锐不藏锋，两旁的角牙镂空透雕云龙图案。在腿柱中间起阳线两道，边沿也起阳线，其他柱、档皆方正平直，起阳线接通，牙板光素。

该柜雕饰虽繁，但保持着严格的传统规范，制作年代不会太晚。

（二六）屏风

清代红木或花梨木制作的屏风，品种和式样不胜枚举，其功能大多是为了陈设，即使是实用性较强的围屏和座屏（图 325、326），也不仅是为了遮蔽和挡风。因此，各种屏风都特别强调装饰效果和观赏意味。还有用它来标榜主人地位和财富的。清代中期流行的挂屏，就有一种叫作所谓“天圆地方”的挂屏（图 327）。采用红木做边框，瘿木、楠木等为板心，安装上圆下方的大理石框景，四件一堂，象征天地四方，正大光明。另外，讲究的陈置，一厅之上要有三屏，即座屏、挂屏和台屏（图 328-331），它们各就其位，相得益彰。清代晚期，还出现了一种镜屏，狭长而高耸；座屏式，既可用来作室内陈设，又可借它整衣冠，俗称“穿衣镜”。

图 325 四扇装雕山水人物围屏

图 326 嵌百宝博古图座屏

图 327 镶云石“天圆地方”挂屏

图 328 镶大理石景插屏

图 329 隔景座屏

图 330 镶青花瓷景台屏
图 331 镶大理石景台屏

(二七）其他

除上述各种主要的红木家具以外，尚有许许多多的红木制品，有些被称为“小木器”，有的被叫作“红木杂件”，如镜框、盆架、灯具、器座、盘、匣、鸟笼、钟座、药箱等（图332-337），其中有许多都是加工精美的红木工艺品；它们分门别类，皆有专门行业来制作。据清乾隆《吴县志》记载，当时制作一种“鼓式悬灯”，“鼓腹彭亨，而又缀以冰片梅花，则长条短干纵横交错，须一一如其彭亨之势而微弯，笋缝或斜或整，亦须相斗相生，然合拍可奏”。还说：“乃绩倘有一条一干一笋一缕或差黍许，则全体俱病，而左支右绌，不能强成矣。”由此可见其中的高超技艺和卓越水平。这些杂件在这里就不一一介绍了。

图 332 花篮式挂灯

图 333 云蝠纹山水壁灯

图 334 龙纹柱挂灯架

图 335 升降式灯架

图 336 铜鼓座架

图 337 提盒

第三章

红木家具的艺术特色和文化内涵

图 338 文椅

一　红木家具的造型

（一）清代早期的明式造型

中国传统家具经过明代的发展，进入了以硬木为主要用材的新的历史阶段，家具的造型艺术达到了历史的高峰。清代早期，传统的硬木家具继续沿袭明代的造型和做法，依旧保持着明代的传统样式和风格，故都被称为“明式”。红木家具在清代早期的许多品种和产品，也仍是明式造型。有不少典型的明式家具，如花梨木文椅（图 338）、红木圈椅（图 339）、红木平头案（图 340）等，形体常呈“侧脚”、“收分”，造型隽秀典雅，有一种书卷气息。这张花梨木文椅宽 59.5 厘米，深 48 厘米，通高 106.2 厘米。圆料直脚，腿外圆内方，椅盘框沿大倒棱压边线，藤屉已坏。面框下腿柱间三面安洼堂肚券口，脚牙已失落不存。桥梁档搭脑和扶手均采用套榫，背板没有其他任何装饰。通体光素单纯，部件比例适度，造型富有线条美。此椅为清代早期所制，原藏苏州园林，是一件不可多得的明式椅子。

清初，红木用材选料尤精，故除在色泽上较黄花梨深沉外，质地和花纹各具千秋。所以，早期红木明式家具同样具有很高的艺术品位。又如红木圈椅，生动优美的造型使人过目不忘。在《明式家具研究》和《中国花梨家具图考》中，分别刊有红木鼓墩（图 341）、红木方凳（图 342）等实例，均不失明式作风，都是出色的红木明式家具。

图 339 圈椅

图 340 平头案

图 341 鼓墩

图 342 方凳

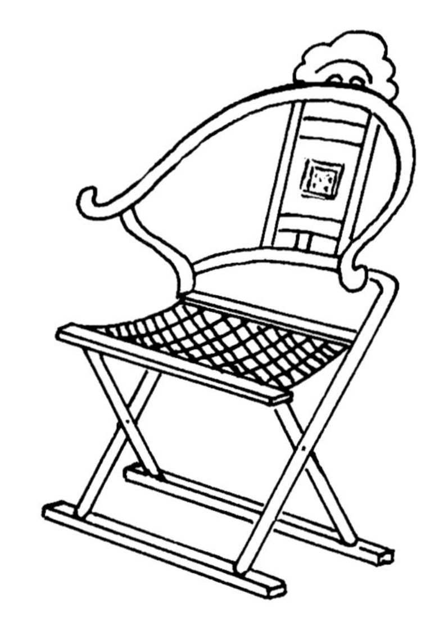

图 343 宋太师交椅

（二）变化多样的清式造型

红木家具大量生产的时代，已是清式家具兴盛、发展的时代，所以从总体上说，红木家具主要反映的是清式家具各个时期的特色，在造型艺术上绝大多数属于“清式”范畴。其用料粗大、形体厚重、线形强烈、结构繁复的特征，呈现出一种与“明式”迥然不同的造型特点和时代风貌。由于当时社会财富不断增多，生活风尚发生了新的变化，加上制造高级家具的红木材料非常充足，人们对红木家具的功能要求和审美心理也随之产生新的变异，形成新的观念。

到清代中期前后，以“广式”为代表的红木家具很快地盛行起来，家具追求尺度宽大，装饰华贵，讲究气派，许多家具的造型标新立异。如各种红木太师椅、圆桌、琴桌、茶几等，都是当时非常普遍的新品类，其中不少家具造型成了“清式”的主要形式，体现了中国硬木家具在特定历史时期的文化素质。

（三）太师椅的造型特点

太师椅这种坐具，在宋代时是指一种带有荷叶托首的交椅，时人称它为太师交椅（**图 343**）。明代，据《万历野获编》记载，它又是指圆形扶手的圈椅，所谓“椅之有栲栳联前者，名太师椅”。“栲栳联前者”，是指圆形的椅圈。

到清代，随着椅子功能的进一步扩展，椅子品类迅速增多，历来尊贵的太师椅必然更加新颖和别致。根据清人李斗在《扬州画舫录·工段营造录》中关于“椅有圈椅、靠背、太师、鬼子诸式”的记载，说明清代的太师椅已不再是明代的圈椅了。根据民间所称的太师椅和传世实物进行比较和识别，清代的太师椅品种竟达十几种，有屏背椅式、大椅式、独座椅式等，或雕刻、或镶嵌，各种不同的样式，大多展现出一种雍容大度的气质，在普遍兴盛的清式家具中特别具有代表性。

前面介绍的钩子头卷书式搭脑扶手椅、屏风式浮雕云龙纹扶手椅、透雕灵芝纹嵌云石扶手椅等，都是常见的清代中晚期被称为太师椅的椅子。虽然在装饰手法上有繁复与简疏之不同，在图案花纹题材的寓意和工艺表现上也各不相同，但造型的意匠是大致相似的，均是十分讲究陈设效果和装饰性的椅子。

我们从许许多多清代的太师椅中不难看到，太师椅造型的共同特点是：部件多取方料，或攒或挖，构成的实体大多方正厚实，椅子的座身大多采用束腰形式，表现为一种机凳式样，结构主要依据传统有束腰杌凳的做法，具有鲜明的程式化倾向。椅背和扶手几乎都采用直立式。显然，这不仅只是为了适应平时日常生活时使用，更是为满足当时厅堂内成套陈设的要求（**图344-346**）。这类家具的造型恰恰与清代建筑的风格格外谐调。总之，清代太师椅

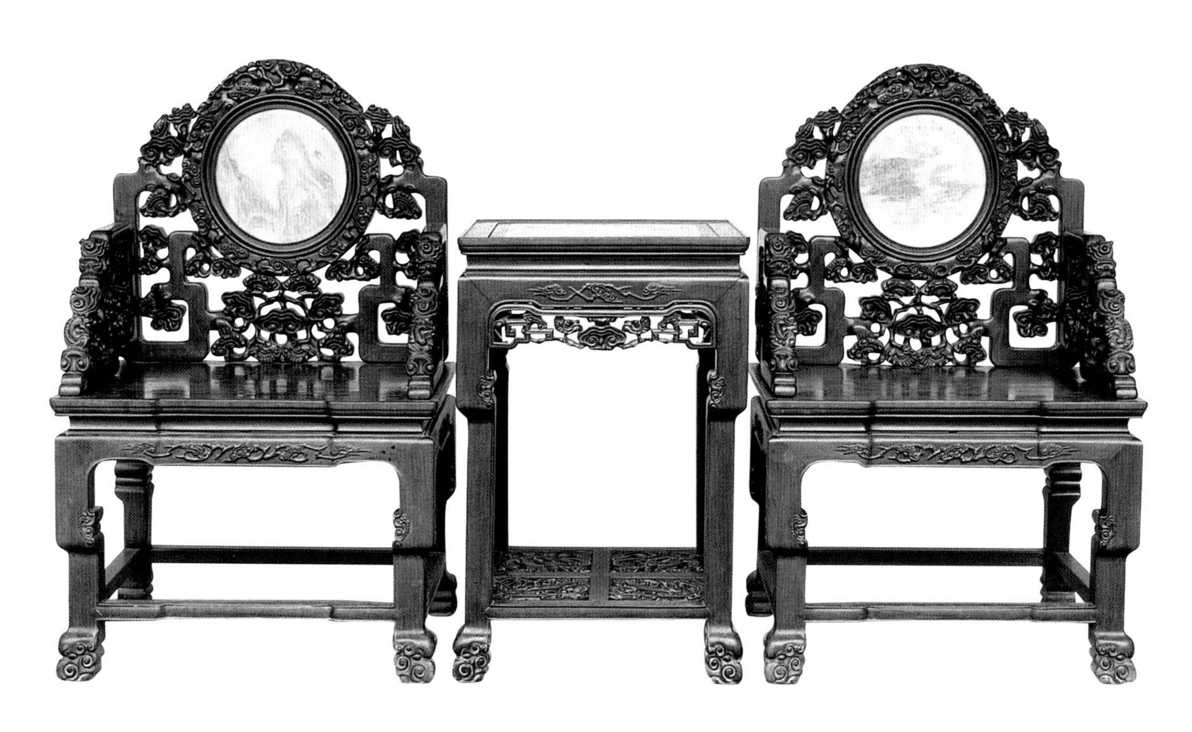

图344 灵芝纹镶大理石圆景独座（两椅一几）

的尺寸比一般扶手椅大，不惜用大料，有的部件用整块红木雕挖制成，工艺精美，装饰富丽。造型很少运用委婉细致的线脚，通常以外轮廓的曲直变化来塑造形体的转折，突出强调造型的体量效果。明式家具以线造型的传统已渐渐被清式家具外形的强烈形式感所替代，形体多凹凸弯曲变化，形象醒目。

图 345 苏州园林中的太师椅陈设

图 346 苏州网师园厅堂的家具陈设

（四）圆桌类家具的造型特点

红木家具在造型上的另一个特点是在传统框架形式上，赋予形体更多的变化。在横档直柱的框架基础上，出现了许多颇具创造性的构造和形体，特别是各种具有个性特征的圆形、多角形家具，如月牙形、椭圆形、六角形、海棠式、梅花式等（图 347、348）。许多圆形或采用圆弧形式的家具，不仅在家具品种上与传统家具有了区别，而且从家具造型的本质意义上改变了人们对家具形象的传统观念和造物形式的空间观念。虽然在以前也有圆体形香几、鼓墩之类的家具，但并没有成堂成套的圆桌、圆凳、圆头琴桌等，更没有座面为圆形的椅子等，而现在它们在室内具有独立显著的地位。在有些陈设中，还根据日常生活的要求而处于中心位置，使整体环境产生新的情趣（图 349）。可见，清代红木家具在圆体形式功能化的同时，加强了造型的个性化和展示性，增强了清代红木家具的审美功能。

例如红木仿藤式绣墩和圆桌，五件一套，样式别具一格，造型玲珑秀美。曲折的“藤条”与圆桌、圆墩的体形浑然一致，富有诗韵和意趣，特别适用于庭院的生活环境和情调，无论是工艺还是造型，均是特别惹人喜爱的家具形式（图 350）。

图 347 圆形双层茶几

图 348 六角形茶台

图 349 苏州园林中以圆桌、圆凳为中心的厅堂陈设

图 350 仿藤式圆桌、圆墩

图 351 六腿如意式大团花踏板圆桌

再如红木六腿如意式大团花踏板圆桌（图 351），由两张半圆桌拼合构成。六柱腿以抱肩榫与牙板、束腰和桌面相接，雕饰草龙纹插角牙，牙板也浮雕草龙纹，束腰挖镂空炮仗洞。踏板外圈以六朵如意纹连接，中嵌大叶团花纹，打破了传统脚档的造法，脚头也雕卷珠搭叶纹，填扁圆小足。此桌曲直比例皆均匀、谐调、得体，做工精致，且可分可合，使用便利，虽是清代晚期的造型式样，但不落窠臼，形象出众。

（五）以琴桌为代表的案桌造型特点

红木家具虽在清式家具中占有特别重要的地位，但与同一时期采用紫檀木制造的家具有程度不同的区别。紫檀木多为宫廷和官府所采用，家具更重规制，造型严谨端庄。红木原料的富足和红木家具生产的商品化，使红木家具较多地适合社会市井阶层的要求，相比之下，造型显得灵活多变，更多地趋向于世俗性，在审美功能上也就较多地迎合着商贾和民众的爱好。从清代中期后大批生产的红木琴桌中，最能明显地看到这种倾向。

琴桌是传统案桌的变体，它的出现更多的是为了满足室内陈设的需要，在使用功能上则表现出更多的灵活性，其新颖的形体，使它富有鲜明的形式特性。琴桌有方头式和圆头式，也有飞角翘首状的，尤其是富有装饰特点的牙板和玲珑精巧的各种腿式，使琴桌的造型格外多姿多彩（图 352）。琴桌的腿料多取扁平状，有些在传统“劈料”形式的基础上，通过腿足两侧外形的变化，将分料中心部位作镂空、镶嵌或雕花，从而使腿式更富有美感和力

图 352 圆卷头琴桌

度。类似的表现手法在红木案桌家具上也经常可以发现，往往同样卓有成效。

至于一些吸收西方造型的红木家具，更常以变革传统构造和做法为特征，在造型上格外别出心裁。如满足不同功能的各种红木橱柜，装上来自西方的玻璃镜子，采用拼接和黏合等工艺，给人以焕然一新的感觉。红木家具这种竭力模仿西方式样的倾向，不免使中国的家具传统在受到西方文化直接冲击的同时趋向西化。当然，这种所谓“中西合璧”、“西式中做”、“中式西做”的家具造型，在特定的历史条件下，也成了一种新的文化标志，如台面开启式的梳妆台（**图 353**），两边排列层层抽屉或橱门的写字台，以及多功能的套几、穿衣镜（**图 354**）、大衣橱、博古架等，都标志着中国家具进入了新的历史阶段。不少西式的红木家具，各种新潮的造型和式样，在普及化的推进中，给固有的民族传统生活方式增添了许多新的成分。

图 353 台面开启式梳妆台

图 354 穿衣镜

二　红木家具的制造工艺

以手工方式制作家具，做工和技艺尤为重要。红木家具的制造，在继承明清以来优质硬木家具的传统技艺上，随着时代的发展，工艺水平得到了不断的提高，特别是许多优秀产品，做工精益求精，工艺科学合理。

(一) 木材干燥工艺

首先,家具的制造往往直接取决于用材的性质。红木、花梨木等木材与紫檀、黄花梨在木材质地上尚有一定差别，因此，用材的加工处理就成为家具质量的先决条件。不少红木材料常含油质，加工成家具的部件容易“走性”，就是白坯[1]完工以后，也还会影响髹饰。民间匠师在长期的生产实践中摸索出了许多处理木材材质的方法，积累了不少行之有效的经验。旧时，一般先将原木沉入水质清澈的河边或水池中，经过数月甚至更长时间的浸泡，使木材里面的油质渐渐渗泄出来，然后将浸泡过的原木拉上岸，待稍干后锯成板材，再存放在阴凉通风的地方，任其慢慢地自然干燥，到那时，才用它们来配料制作家具。

[1] 未经揩漆或打蜡而完工的木家具，俗称“白坯”。

这种硬木用材的传统处理方法，所需时间较多，周期较长，现代生产已很少采用，但经如此干燥后的木材，“伏性”强，很少再有“反性”现象。传世的许多红木家具，有的已历时二三百年，除特殊原因外，很少有出现隙缝和走样的。用作镶平面的板材，不仅需经一二年的自然干燥，而且还需注意木材纹理丝缕的选择。

民国以后，有些红木家具的面板开始采用“水沟槽”的做法，即在面板入槽的四周与边抹相拼接处留出一圈凹槽，可避免面板因涨缩而发生破裂或开榫现象。这种手法一直延续到现在，显然在工艺上要比镶平面容易。这与传统工艺中起堆肚的做法有些类似，但只将面心板四周减薄后装入边框内，槽口仅留 0.5 厘米左右。

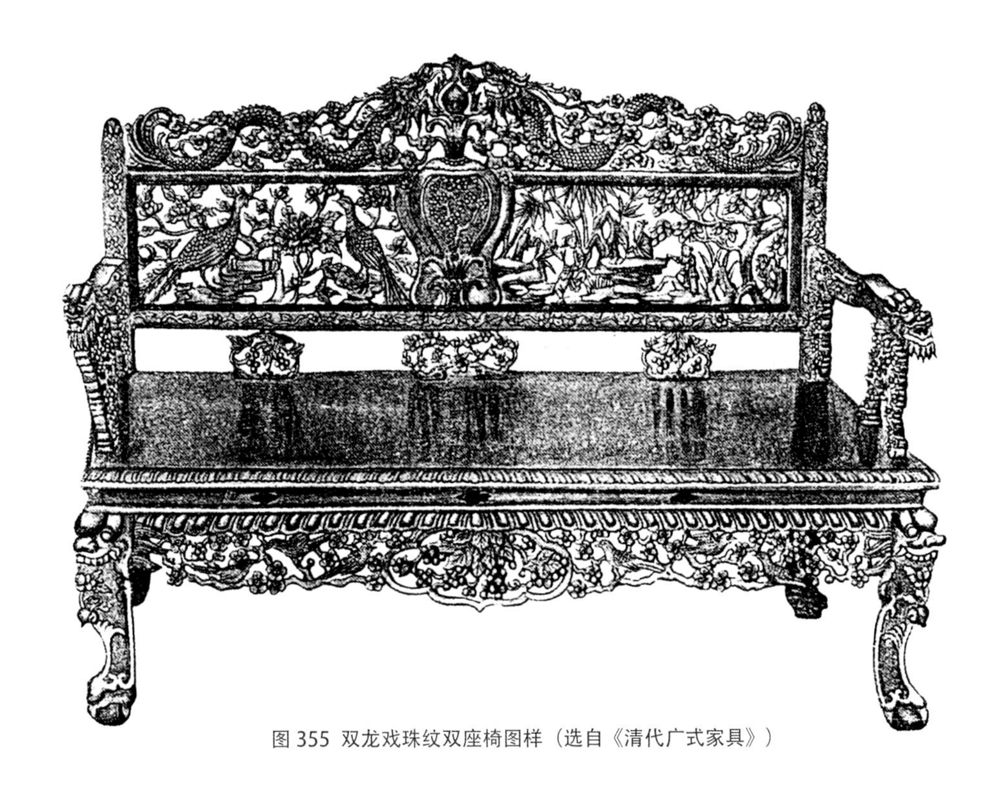

图 355 双龙戏珠纹双座椅图样（选自《清代广式家具》）

（二）家具制造的图样

制造每件家具，总要先配料划线，划线也叫“划样”。旧时没有设计图纸，式样都是师徒相传，一代一代口授身教，每种产品的用料和尺寸，工时与工价，均需十分熟悉并牢牢记住。家具的新款式,主要依靠匠师中的“创样”高手,江南民间称他们叫“打样师傅”。在长期实践中，凭借丰富的经验，他们常常能举一反三，设计创新。旧时硬木家具的制造，大户人家常邀请能工巧匠到自己家中来“做活”。少则数月，长达一二年。工匠们根据用户的要求从开料做起，一直到整堂成套家具完工。因此，民间又有所谓“三分匠，七分主”的说法，意思是指工匠的打样或设计，往往需要依照主人的要求进行，有时，甚至主人直接参与设计。所以,流传至今的红木家具传统式样,不少都是在传统基础上集体创作完成的。

笔者曾在一张家具的相片背面发现写有“工饭洋给拾叁元陆角”等字样，这说明清末时已有用照相的方法来“留样”的，以便日后再造。香港八龙书屋日前出版的《清代广式家具》一书中，翻印了距今 100 年左右的《广东五常酸枝家私》图集，是“当时广州家具商行经营的……家具的造型图样”。这些产品图样作为一种“商品目录”，以适应当时外销的需要,也可认为是那时作坊生产的一种产品样本（**图 355-358**）。毫无疑问,这些图样对配料、加工制造都起着十分重要的作用。一直到 20 世纪的 60 年代，还有不少工厂仍用这类形式的图样来作为生产的图纸（**图 359**）。从制造工艺上来说，这也是红木家具与以前硬木家具制造有所不同的方面。

图 356 梅花纹圆茶几图样　　图 357 龙纹带隔层方茶几图样　　图 358 云龙纹波边圆形台图样

图 359 红木家具厂产品设计图样

(三) 精湛卓越的木工工艺

富有优良传统的木工加工工艺发展到红木家具制造的年代,已达到登峰造极的地步。木工行业中流传着所谓"木不离分"的规矩，就是指木工技艺水平的高低，常常相差在分毫之间。无论是用料的粗细、尺度，线脚的方圆、曲直，还是榫卯的厚薄、松紧，兜料的裁割、拼缝，都是直接显示木工手艺的关键所在，也是家具质量至关重要的内容。因此，木工工艺要求做到料份和线脚均“一丝不差”，“进一线”或“出一线”都会造成视觉效果的差异；兜接和榫卯要做到“一拍即合”，稍有歪斜或出入，就会对家具的质量发生影响。苏州地区木工行业中，至今仍流传着"调五门"的故事。传说过去有位木工匠师,手艺特别出众，一次，他被一家庭院的主人请去造一堂五具的梅花形凳和桌。匠师根据设计要求制成后,为了说明自己的手艺高明，让主人满意放心，便在地上撒了一把石灰，然后将梅花凳放在上面，压出五个凳足的脚印来。接着，按五个脚印的位置，一个个对着调换凳足。经过四次转动，每次五个凳脚都恰好落在原先印出的灰迹中，无分毫偏差，主人看后赞不绝口。

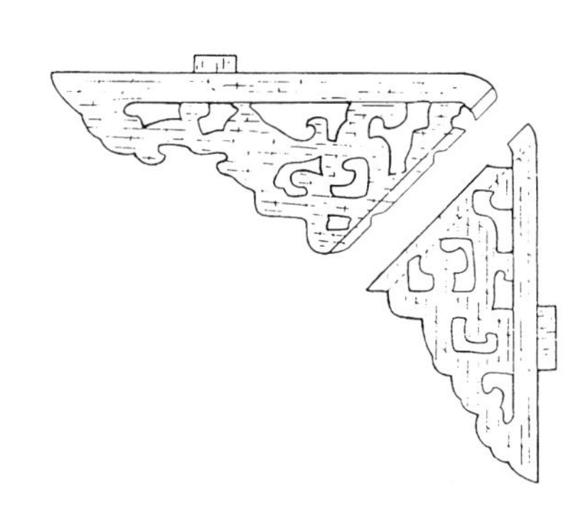

图 360 镂空雕角牙 45° 攒接结构

1. 工艺与构造的设计

在木工手艺中,许多工艺和结构的加工均需匠心独运，尤其是各种各样的榫卯工艺，既要做到构造合理，又要做到熟能生巧，灵活运用。例如，红木家具中常常利用榫卯的构造来增强薄板或一些构件的应变能力，以避免横向丝缕易断裂、易豁开等缺点。对于一些家具的镂空插角，[2] 匠师们巧妙地吸收了 45° 攒边接合的方法，将两块薄板分别起槽口，出榫舌后拼合起来（图 360），既避免了采用一块薄板时插角因镂空而容易折断的危险，又提供了插角两直角边都可挖制榫眼的条件，只要插入桩头，[3] 即能很好地与横竖材相接拼合。

[2] 角牙或托角牙子，江南工匠称之为“插角”。

[3] 桩头：北方工匠称“栽榫”，江南工匠谓“桩头”。

图 361 有束腰椅子装配图

由于清式造型与明式造型的差异，家具形体的构造往往出现各种变化，因此，在红木家具的制造工艺上形成了许多新的方法，像太师椅等有束腰扶手椅的增多，一木连做的椅腿和座盘的接合工艺已显得格外复杂，工艺要求也更高。这类椅子的成型做法，需要按部就班，一丝不苟，大致可分四个步骤。第一步是前后脚与牙条、束腰的连接部分先分别组合成两侧框架，但牙条两端起扎榫、束腰为落槽部分，以便接合后加强牢度。第二步是将椅盘后框料同牙条和束腰与椅盘前牙条和束腰同步接合到两侧腿足，合拢构成一个框体。第三步是将椅盘前框料与椅面板、托档连接接合，再与椅盘后框料入榫落槽，摆在前脚与牙条上，对入桩头拍平，然后面框的左右框料从两侧与前后框料入榫合拢。前框料为半榫，后框档做出榫。第四步是安装背板、搭脑和两侧扶手。这大概是红木家具中木工工艺最繁复的部分（**图 361**）。

2. 科学合理的榫卯结构

工艺合理精巧，榫卯的制作是最重要的方面。经过长期的实践，红木家具中榫卯的基本构造，有些做法已与明式家具榫卯稍有不同，如丁字形接合的所谓“大进小出”，即开榫时把横档端头一半做成暗榫，一半做成出榫，同时把柱料凿出相应的卯眼，以便柱侧另设横档做榫卯时可作互镶。红木家具一般就不再采用这种办法，常一面做出榫，一面做暗榫。又如粽角榫的运用，依据不同的情况作出相应的变化后，更适应形体结构和审美的要求。粽角榫（图 362）在桌子面框与脚柱的交接处侧面出榫，桌面和正面不出榫，在书架、橱柜立柱与顶面的交接处，顶面出榫和两侧面出榫，正、侧面不出榫。然而在一种橱顶上，粽角榫又出现了明显的变体做法。为了适应顶前出现束腰的形式，在顶前部制作凹进裁口形状，以贴接抛出的顶线和收缩的颈线，取得一种特殊的效果。这种构造的内部结构虽仍是运用了粽角榫的原理和做法，但外形已经不呈粽角形。再有，如传统硬木家具典型的格肩榫（图 363），红木家具一般不做小格肩。所谓大格肩的做法，也常取实肩与虚肩的综合做法，即将横料实肩的格肩部分锯去一个斜面，相反的竖材上留出一个斜形的夹皮。这种造法既由于开口加大了胶着面，又不至于因让出夹皮位置而剔除过多，而且加工方便。江南匠师把这种格肩榫口叫作“飘肩”（图 364）。

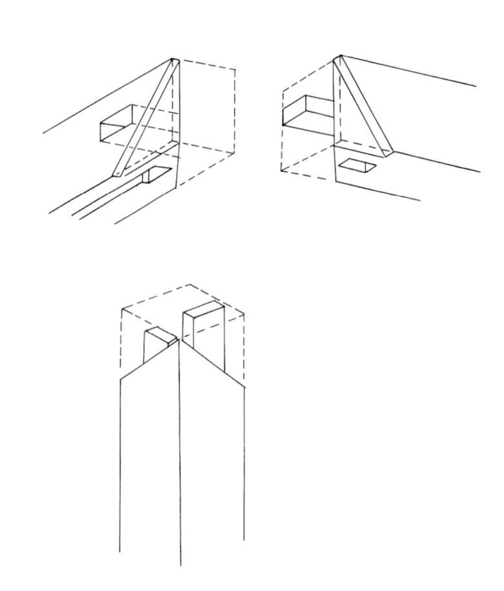
图 362 粽角榫结构

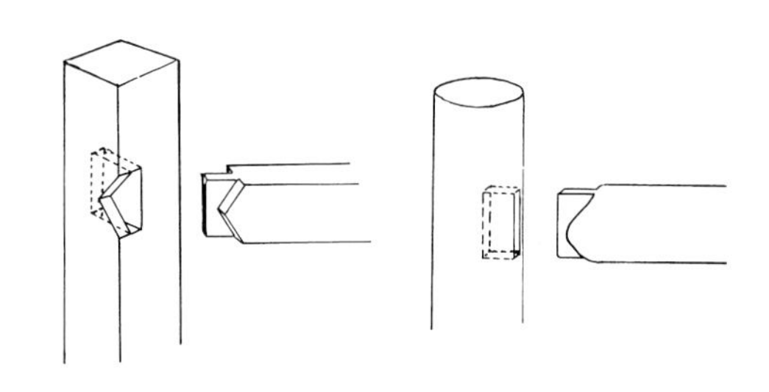
图 363 格肩榫结构

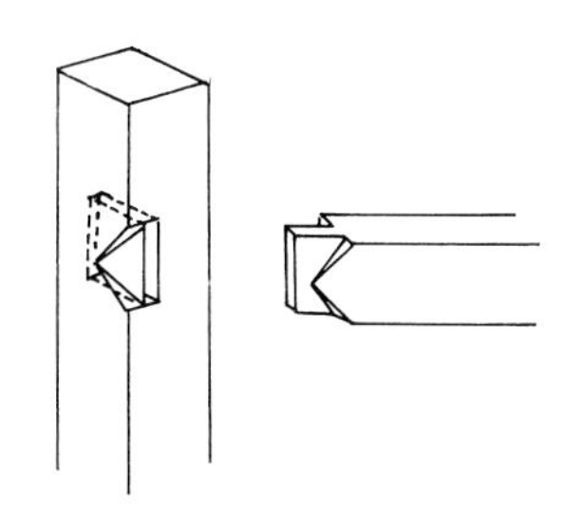
图 364 飘肩榫结构

红木家具常用的榫卯可分为几十种（图 365），归纳起来大致有以下这些：格角榫、出榫（通榫、透榫）、长短榫、来去榫、抱肩榫、套榫、扎榫、勾挂榫、穿带榫、托角榫、燕尾榫、走马榫、粽角榫、夹头榫、插肩榫、楔钉榫、裁榫、银锭榫、边搭榫等，通过合理选择，运用各种榫卯，可以将家具的各种部件作平板拼合、板材拼合、横竖材接合、直材接合、弧形材接合、交叉接合等。根据不同的部位和不同的功能要求，做法各有不同，但变化之中又

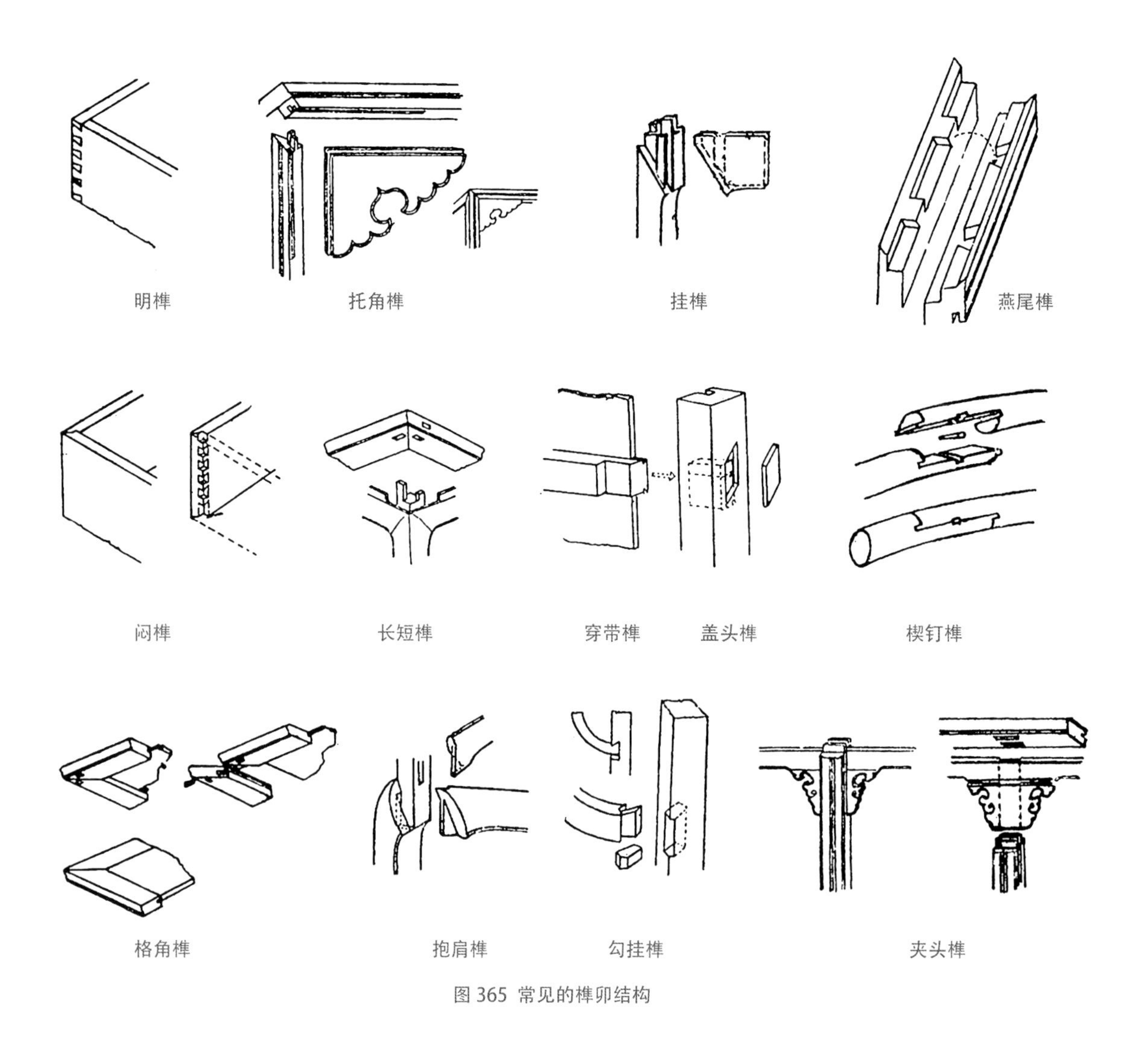

图 365 常见的榫卯结构

有规律可循。清代中期以后，不同地区常有一些不同的方法和巧妙之处，如插肩榫和夹头榫的变体，抱肩榫的变化等。在深入调查研究中，偶然还会遇到某种榫卯或某一种局部的构造是我们过去所不知道的。

有人以为，精巧的榫卯是用刨子来加工的；其实，除槽口榫使用专门刨子以外，其他均使用凿和锯来加工。凿子根据榫眼的宽狭有几种规格，可供选用。榫卯一般不求光洁，只需平整，榫与卯做到不紧不松。松与紧的关键在于恰到好处的长度。中国传统硬木家具运用榫卯工艺的成就,就是以榫卯替代铁钉和胶合。比起铁钉和胶合来,前者更加坚实牢固，同时又可根据需要调换部件，既可拆架，又可装配，尤其是将木材的截面都利用榫卯的接合而不外露，保持了材质纹理的协调统一和整齐完美。所以，清料加工的家具才能达到出类拔萃的水平。中国传统家具通过几千年的发展，自明代以后，能如此将硬木家具的材料、制造、装饰融于一体，这种驾驭物质的能力，不能不说是对全人类物质文明的巨大贡献。

3. 木工水平的鉴别

要全面地检查一件红木家具木工手艺的水平，各地都有不少丰富的经验，看、听、摸就是经常采用的方法。看，是看家具的选料是否能做到木色、纹理一致，看结构榫缝是否紧密，从外表到内膛是否同样认真，线脚是否清晰、流畅，平面是否有水波纹等；听，是用手指敲打各个部位的木板装配，根据发出的声响可以判断其接合的虚实度；摸，是凭手感触摸是否顺滑、光洁、舒适。红木家具历来注重这种称为“白坯”的木工手艺，一件优秀出众的红木家具，往往不上漆，不上蜡，就已达到完美无瑕的水平。

4. 传统的木工工具

“工欲善其事，必先利其器”。精巧卓越的手工技艺，离不开得心应手的工具。红木家具的木工工具主要有锯、刨、凿和锉。由于红木木质坚硬，故刨子所选用的材质，刨铁在刨膛内放置的角度，都十分讲究。

明代宋应星编著的《天工开物》一书中记有一种称为蜈蚣刨的（**图 366**），至今仍是红木木工不可缺少的专用工具，其制法也与旧时一样，“一木之上，衔十余小刀，如蜈蚣之足”。现民间匠师称其叫“锳”或“铧”。使用时一手握柄，一手捉住刨头，用力前推，可取得“刮木使之极光”的效果。

在木锉之中，有一种叫蚂蚁锉的（**图 367**），木工常用它来作为局部接口和小料的处理加工，也是用作理线[4]行之有效的专用工具。有人以为凹、凸、圆、曲、斜、直的各种线脚全部是依靠专用的线刨刨出来的，其实许

[4] 将线脚作整理加工，民间工匠称之为“理线”。

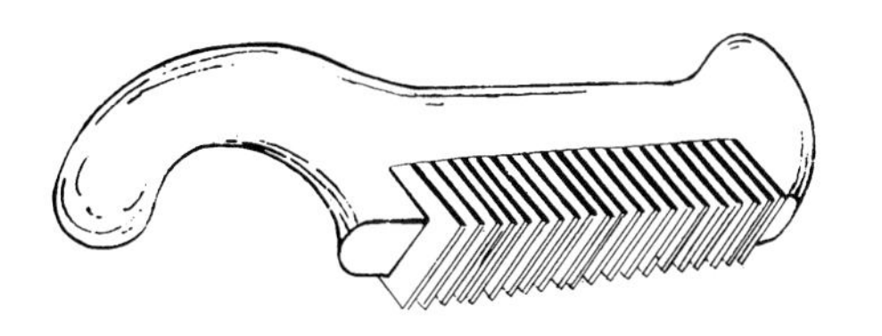

图 366 蜈蚣刨

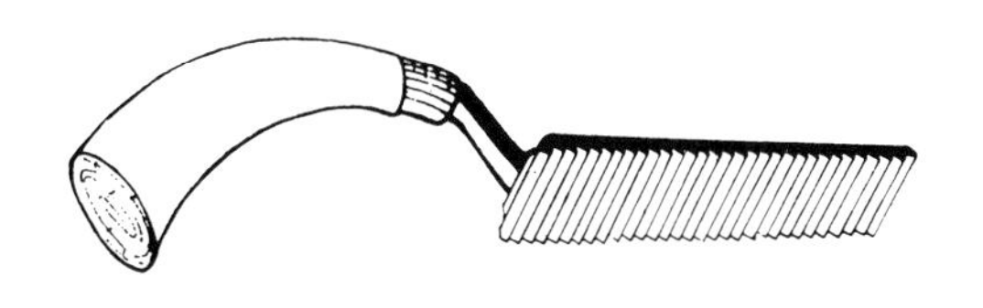

图 367 蚂蚁锉

多线脚的造型是离不开这一把小小蚂蚁锉的，它在技师手中的功能，实在可达到出神入化的地步。

（四）明莹光洁的揩漆工艺

红木家具在南方都要做揩漆，不上蜡，故除木工需好手外，漆工同样需要有好的做手。漆工加工的工序和方法虽各地有差异，但制作的基本要求大致相同。揩漆是一种传统手工艺，采用生漆为主要原料。生漆又称大漆，加工是关键性的第一道工艺，故揩漆首先要懂漆。生漆来货都是毛货，它必须通过试小样挑选，合理配方，细致加工过滤后，经晒、露、烘、焙等过程，方成合格的用漆。有许多方法秘不外传，常有专业漆作的掌漆师傅配制成品出售，供漆家具的工匠们选购。

揩漆的一般工艺过程先从打底开始，也称“做底子”。打底的第一步又叫“打漆胚”，然后用砂纸磨掉棱角。过去没有砂纸时,传统的做法是用面砖进行水磨。第二步是刮面漆，嵌平洼缝，刮直丝缕。第三步是磨砂皮。磨完底子也就做成，便进入第二道工序。这一工序先从着色开始，因家具各部件木色常常不能完全一致，需要用着色的方法加工处理；另外根据用户的喜好，可以在明度上或色相上稍加变化，表现出家具的不同色泽效果。清代中期以后，由于宫廷及显贵的爱好，紫檀木家具成为最名贵的家具，其次是红木。紫檀木色深沉，故有许多红木家具为了追求紫檀木的色彩，着色时就用深色。配色用颜料，或用苏木[5]浸水煎熬。有些家具选材优良，色泽一致，故揩漆前不着色，这就是常说的“清水货”。接着就可作第一次揩漆,然后复面漆,再溜砂皮。[6]同样根据需要还可着第二次色，或者直接揩第二次漆。接下去就进入推砂叶的工序。砂叶是一种砂树叶子，反面毛糙，用水浸湿以后用来打磨家具的表面，能使之极光且润滑。传统中还有先用水砖打磨的，现早已不用，改用细号砂纸。最后，再连续揩漆三次，叫作“上光”。上光后的家具一般明莹光亮，滋润平滑，具有耐人寻味的质感，手感也格外舒适柔顺。在这过程中，家具要多次送入阴房，在一定的湿度和温度下漆膜才能干透，具有良好的光泽。北方天寒干燥，不宜做揩漆，多做烫蜡，但此法不属红木家具制造工艺的正宗。

现代红木家具揩漆多用腰果漆，腰果漆又名阳江漆，属于天然树脂型油基漆。采用腰果壳液为主要原料，与苯酚、甲醛等有机化合物，经缩聚后加溶剂调配成似天然大漆的新漆种。

[5] 苏木：又称苏方木，可作红色颜料。传统家具常用它浸水后染刷家具。

[6] 家具复面漆后，用砂皮纸将表面不平的面漆磨去，工匠称之为“溜砂皮”。

三　红木家具的装饰

装饰俗称美化，为了使家具增加美感，自古以来，人们就采用各种各样的方法，提高家具的装饰艺术水平。红木家具在装饰上，集历代家具装饰方法之大成，从只求单纯、不加华饰的清料加工，到重雕刻、镶嵌，以及各种装饰工艺的综合运用，都不乏传世实物之精品。

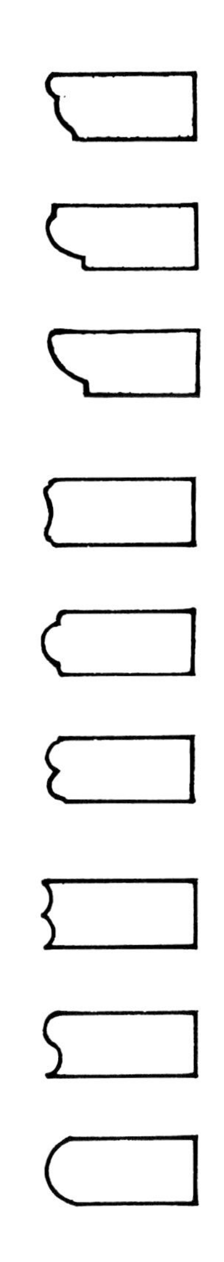

图 368 家具面框侧边的冰盘沿线脚

（一）崇尚材美的装饰

所谓清料加工，是指选用红木好料，通过精心设计制作，充分体现出用材的优良属性，使人们能更好地获得材质美的艺术感受。这种装饰意匠，使人并不感到是一种装饰，但确实有着十分重要的装饰意义。这类家具做工特别出色，尤其是案桌的面板、橱门板，椅子的靠背板，用料之精选和考究，常会令人爱不释手。这是明式家具优秀装饰传统在红木家具上的继承和发扬。

红木家具扬长材质，结合木工工艺的具体装饰手法有线脚和兜接。线脚，是家具部件断面所呈现的方、圆、凹、凸不同形状在部件表面产生的各种线形，如家具面框侧边的冰盘沿（图 368），柱脚与牙板边沿的线脚，束腰、叠刹造成的线脚等。这些线脚在加强家具形体造型表现力的同时，又是最特殊的装饰语言。红木家具的线脚除常见于明式家具的竹爿浑、大倒棱、阳线、弄堂线（凹线）、捏角线、洼线、皮带线、瓜楞线、芝麻梗、文武线等之外，还有创新的活线、碗口线、鲫鱼背线等，[7] 这些线脚十分精致，与家具厚重的形体形成对比，突出了线形美的装饰性。

兜接，北方称“攒接”，宁波地区俗称“拷头”。所谓兜接，就是运用榫卯将特定设计制作的短料横竖斜直地拼接兜合成各种装饰性构件，有的组合成冰纹格，有的连接成十字连方，以及卍花、回纹、汉纹等不同的几何形纹样

[7] 不少线脚是各地工匠采用形象化的方式命名的，但名称只是一个代号，并不一定与形象完全相符。

(图369)。这种手法运用部位十分普遍，如椅子的扶手，床的门罩，榻的栏杆，搁几的立墙，以及案桌牙子、踏脚的花板等。有些花团锦簇的四方连续图案，采用桩头连接镂空花片组成的装饰构件，有人拟名“斗簇”，其实是兜接的变体做法。这种做法的效果非常华丽，但因花片或左右、或上下部分不可避免会出现短丝镂而容易开裂损坏，故花片的设计更需要格外用心巧妙，并能做到别出心裁，才能更胜一筹。

图369 兜接福寿卍纹锦屏及屏心

（二）精美的雕刻装饰

装饰好似锦上添花，施加花纹图案雕刻是最方便和最具有表现力的手段。红木家具运用多种木雕形式，取得了卓越的装饰效果，常见的有线雕、阴刻、浮雕、平地实雕、透雕、半镂半雕和圆雕等。

1. 线雕

线雕一般是指在平面上用V形的三角刀起阴线的一种装饰方法(图370)。雕成的花纹图案或画面犹如勾勒白描，优美生动的线条宛如游丝，刻画自如，生趣盎然。红木家具上运用铲地形式表现出阳线花纹图案的也称线雕（图371），工艺手法应归入平地实雕类。

图370 靠背椅椅背的线雕竹节纹及竹子、灵芝纹装饰

2. 阴刻

阴刻是指凹下去的雕刻方法的泛称，如花叶的筋，动物的毛须、羽毛等，还常用来雕刻题款和书铭等，雕刻凿子也有圆口的。由此可见，线雕和阴刻虽均为阴纹，但并不完全相同，前者是指有独立意义的阴刻装饰形式，后者只是雕刻的一种具体手法，应该把两者明确区分开来。

图371 天然翘头案花纹的实地阳线浮雕装饰

3. 浮雕

浮雕，顾名思义是花纹高起底面的雕刻形式（图 372、373）。根据花纹的高低程度，有浅浮雕和深浮雕等区别，又有见地和不见地等不同。见地的还有平地与锦地之分。平地的浮雕一般又被称为实地雕，浮雕花纹四周的平地是铲挖出来的，经铲挖后要用刮刀刮平，锦地则需要在平地上阴刻。平地或锦地浮雕大多不深，系浅浮雕。有时平地浮雕仅薄薄的一层，不见刀痕，平贴圆润，与深浮雕之起伏犀利成为鲜明对照，在雕刻艺术上呈现出两种不同的格调。当然，深浮雕也有浑然藏锋的。在家具雕刻行业中，常常表现出不同的派路和风格，一般以浑厚清澈为佳。

4. 透雕

透雕，就是将底子镂空而不留地的雕法（图 374），可以用来表现雕刻物整体的两面形象；但家具透雕有些并不需要两面都看到，因此也有一面雕刻，一面平素不雕的。镂空的方法一般并不采用凿空，而是运用传统线弓，即手拉钢丝锯拉空后再施加雕刻。两面都作雕镂的称“双面雕”。在双面雕刻中又有一种北方称作“整挖”,江南称为“半镂半雕”的透雕。

图 372 柜门板浮雕牡丹纹装饰

图 373 太师椅靠背浮雕人物故事图装饰

图 374 案桌挡板透雕的双龙灵芝纹装饰

所谓半镂半雕，就是有的地方用线弓拉空，有的地方用凿子剔空。这种雕法，剔挖枝梗，错落灵活，贯穿前后，表现力最为丰富。有的正、背两面并不一样，一面叶在梗下，一面梗在叶下。花纹周围空间不论是拉空还是剔空的，都要处处出刀，透雕刻划细致，富有玲珑剔透的艺术效果。

5. 圆雕

圆雕是立体的雕刻形式，以四面浑然一体的手法表现雕刻的内容（图 375、376），家具的柱料、横料端头、腿足、柱头等，都可使用这种形式。圆雕的优秀作品宛如一件完整的艺术品。采用哪一种雕刻形式，需根据家具部件和整体设计要求，只要应用得当，雕刻技艺高明，各种雕刻形式都可以起到画龙点睛的作用。还有以几种方法相结合的形式，也常能产生独特的装饰效果。

红木家具的雕刻深受清代建筑木雕工艺手法的影响，变化较多，形式繁复，但因木质和功能的差异，与建筑木雕又有不同。一般说来，红木家具的雕刻更求耐看和近看，比较讲究。至清代中期以后，雕刻又逐渐出现许多减工做法，如阴阳额 [8]、拉空花板 [9] 等，道光、咸丰时广为流行，致使许多雕刻装饰十分粗糙简陋。

图 375 灯座圆雕云龙纹装饰

图 376 挂灯架圆雕云龙纹装饰

（三）华丽的镶嵌装饰

红木家具的镶嵌装饰也颇具特色，如嵌骨、嵌螺钿、嵌石、嵌瓷、嵌木等。它们运用各种材料不同的色泽、质地和纹理，在与红木的对比中获得别开生面的装饰效果。因地域差异，又形成了各自的地方特点，如宁波的骨嵌、广州的螺钿镶嵌等，都达到了很高的水平。

1. 牙骨镶嵌

直接将骨、螺钿等嵌入红木表面的方法俗称“硬嵌”，其工艺与漆器镶嵌有所不同。“以牛骨平嵌为例：首先是根据设计图稿用薄纸复画，把复画下来的样稿按骨材的大小及图案可拼接处剪成若干小块贴到骨片上并锯成花纹，

[8] 阴阳额：是一种雕刻手法，也是一种雕刻形式。是利用雕刻形成的斜面，表现纹样的结构和造型，类似浮雕。

[9] 拉空花板：是一种简化的透雕方法，即运用线弓拉锯拉去纹样的空隙部分，然后稍加混面或起线。

图 377 书案嵌螺钿装饰

在待嵌的底坯上相继进行排花、胶花、拔线（按骨片花纹在坯上划线）、凿槽，接着在锯成骨片花纹底面及木板的起槽缝内涂鱼胶，把骨片纹样敲进槽内胶合，而后还有刨平、线雕、髹漆、刻花等工序”。[10]

2. 螺钿镶嵌

螺钿镶嵌大多为硬螺钿，螺蚌切片有薄有厚，挖陷深度也不一。用来作镶嵌的螺片有的闪烁彩色，嵌成的图案花纹随照射光线角度不同，色彩也会变换。不少精心设计制作的嵌螺钿红木家具，色调富丽堂皇，装饰情趣别具一格（图 377）。嵌螺钿一般不用动物胶，而用生漆腻子，即在生漆中加入少许填充粘合剂，干后极其牢固。

3. 石板镶嵌

以石板作镶嵌也是红木家具屡见不鲜的一种装饰。实用的案桌面心、杌凳面心、椅子靠背等有用石板的（图 378、379），装饰观赏的挂屏、台屏更有镶石面的（图 380）。用于家具镶嵌的石材一般称为“云石”，因产地在云南，其中以点苍山的质地最优。据历史记载，早在唐代，云石就已被开发利用，当时称作“础石”，又称“点苍石”，至明代称为“大理石”。云石的种类繁多，显露天然鱼纹的称“彩花石”，现出天然云纹的叫作“云炭石”。许多名贵的品种，石色白的如玉，黑的如墨，石质细腻润滑，石纹天然成画。用作家具装饰的云石，都需经过开面。所谓

[10] 张炳晨:《宁式家具初探》，《家具》，1984 年第 1－6 期。

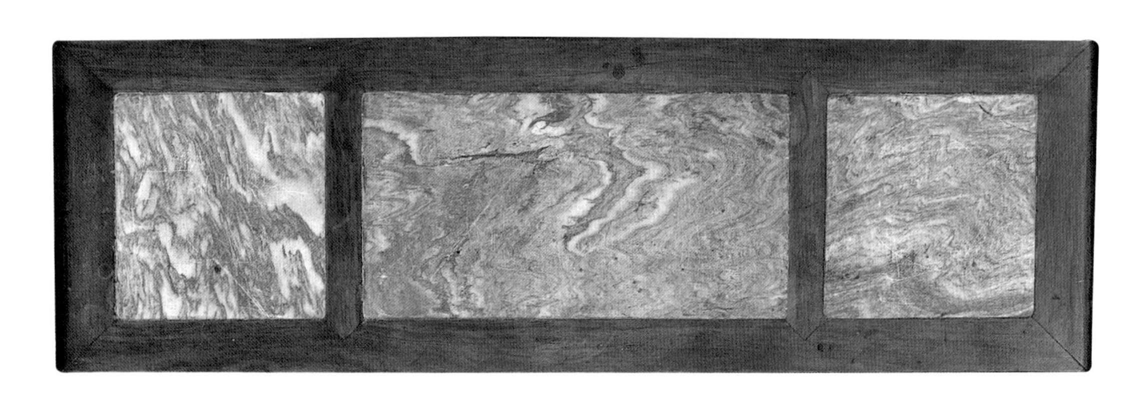

图 378 条桌桌面嵌三拼大理石装饰

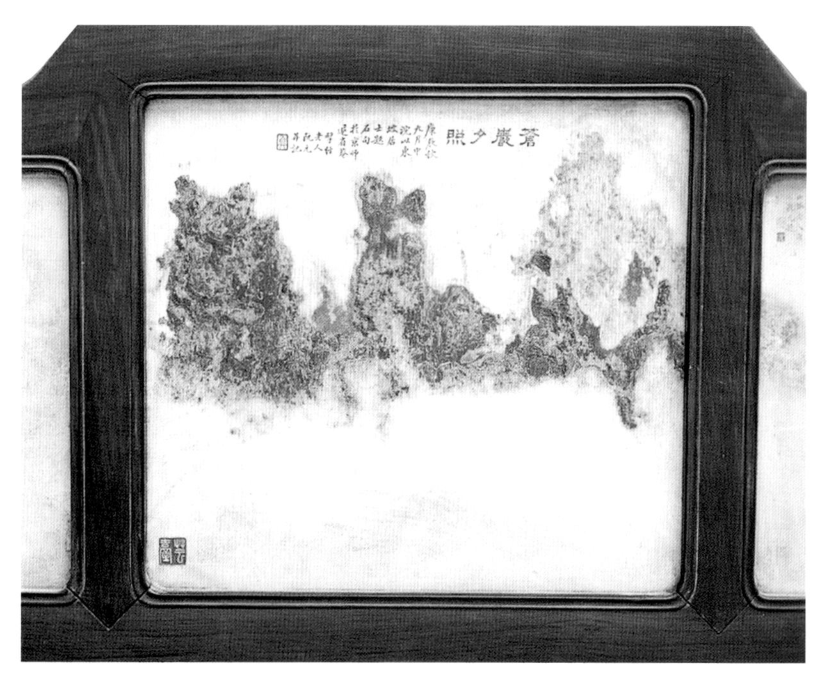

图 379 小榻屏背嵌云石装饰

图 380 挂屏嵌大理石装饰

“开面”，是用蟋蟀瓦盆的碎片浸水，慢慢碾磨石面，使之花纹逐渐清晰明朗。除云石以外，还有广石、湖石、川石等，大多以不同的产地来命名，有些石面虽花纹流动，风卷云驰，但石质生硬，画面一览无余，缺少若隐若现的无穷意境，故品位不高。红木家具以云石作为装饰，由来已久，它与我们民族古老的石文化和文人爱石、崇石、玩石的习气有着密切的渊源关系。

4. 瓷板镶嵌

与嵌石较相似的是嵌瓷（**图 381**）。制瓷本身就是一种工艺美术，高级的瓷器也是高贵的艺术品，因此，红木家具以嵌瓷作装饰，其目的也是为了提高家具的品位。用作镶嵌的瓷板总是有优有劣，故与之相配置的红木家具，格调和情趣也大相径庭（**图 382**）。

图 381 靠背椅人物图嵌瓷装饰

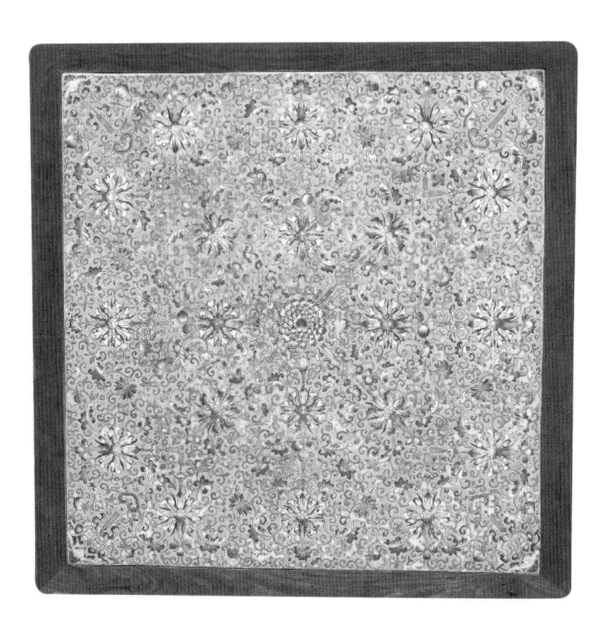

图 382 八仙桌嵌粉彩瓷面装饰

5. 木板镶嵌

嵌木常见的是瘿木，用做桌面心、凳面心、靠背板、橱门板的最常见。瘿木不仅有细密旋转的花纹，富有装饰性，而且不易开裂、涨缩，故大多用来制成板材，镶嵌在明显的部位（图 383）。常见红木家具嵌木的木材还有黄杨木，如角牙、结子和束腰上的嵌条，以及镶嵌浮雕花纹等。黄杨木色浅，呈橙黄色，与红木色泽对比鲜明。

6. 百宝嵌

红木家具的镶嵌装饰还有综合运用各种珍贵材料，如珍珠、玉石、象牙、珊瑚、玳瑁等作“百宝嵌”的，有以金属，如白银、黄铜等作花纹镶嵌的，都能使家具更显得豪华贵重，不同凡响（图 384）。

图 383 椅子座面嵌瘿木装饰

图 384 博古图座屏的百宝嵌装饰

(四) 多姿多彩的图案花纹

红木家具的装饰，无论是雕刻还是镶嵌，都离不开运用各种图案，这些图案花纹按表现种类可分为单独纹样、边缘纹样、角隅纹样、适合纹样、连续纹样等。在设计制作中，都必须遵循木雕和镶嵌各自不同的材质特性和工艺特点，以求尽善尽美。如一椅背中央雕刻的凤凰牡丹纹样，石纹、细长的花茎和直立的凤足，都保持与木材丝缕自然一致；在适合于一个圆形的构图中，牡丹、凤凰、湖石的组合既平衡又有变化，成为一幅别具艺术特色的木雕装饰画（图385）。在镶嵌中，人物、山水、树木常常不按自然比例，采用夸张的手法，勾勒出形象的外部轮廓后，再根据形体结构稍加刻画、点缀，故而显得简练而有古趣。

图 385 太师椅靠背的木雕凤凰牡丹纹装饰

任何品类和形式的家具，不同部位或各种部件，它们形状不同，大小不一，纹样各异，但都能随形状大小的变化，表现出不同的个性特征。如结子（图386），北方称为“卡子花”，是红木家具中的装饰性部件，除起支撑作用以外，更富有装饰美；通过精心的设计和运用各种表现手法，常常能起到以少胜多、画龙点睛的作用。又如琴桌脚头上的雕刻点缀图案，一朵小小的灵芝云纹，上下左右变化之多样，同样使人们感到美不胜收。

图 386 玉环龙纹（上）、如意云纹（下）的结子装饰

红木家具的许多装饰部件，还形成

了不少有规律的程式化的图案形式，体现了家具装饰图案设计的高度水平，如有些家具两立柱之间的牙板图案，同一内容却可看到许多种不同的变化（**图 387**），构图大多对称而舒展，具有独特的装饰美。

图 387 琴桌牙板的装饰

图 388 太师椅椅背的灵芝纹装饰

图 389 扶手椅花背的福禄寿喜如意纹装饰

图 390 方桌结子的福寿拱璧纹装饰

各种传统装饰纹样，如青铜器纹样、玉器纹样、陶瓷纹样、漆器纹样、织物纹样、建筑纹样等，都被用来作为红木家具装饰图案的借鉴，并且随着时代发展，在吸收外来形式的同时，表现出新的题材和内容。若将这些汇集起来，加以很好的整理和研究，则是一份十分宝贵的艺术财富。在红木家具上见到的纹样，几乎应有尽有：龙纹有草龙、夔龙、螭虎龙、团龙、云龙、双龙戏珠、龙凤呈祥等，凤纹有夔凤、凤首、丹凤朝阳、鸾凤和鸣、凤戏牡丹。还有许多是明清以来的吉祥图案和寓意纹样，如三阳开泰、马上封侯、麒麟送子、太师少师、狮子嬉球、双鱼吉庆、鱼跃龙门、喜上梅梢、喜鹊登梅、仙鹤长寿、杏林春燕、鹿鹤同春、金鱼戏莲、三星高照、福禄寿三星、刘海戏蟾、八仙同庆（汉钟离、吕洞宾、铁拐李、曹国舅、张果老、蓝采和、韩湘子、何仙姑），还有岁寒三友（梅、兰、竹）、玉堂富贵、竹报平安（竹子、爆竹、花瓶）、灵芝、五岳真形、八宝（轮、螺、伞、盖、花、罐、鱼、长）、暗八仙（花篮、竹箫、葫芦、扇子、云板、荷花、渔鼓、剑）、连升三级（三戟）、榴开百子、子孙万代、四合如意、海水江崖、吉祥文字、婴戏图、牡丹、梅、菊、竹、兰、莲、荷、松树、椿树、桃子、柿子、绞藤、绳纹、百吉、古钱、玉璧、如意、云纹、卷珠、搭叶、西番莲、亭台楼阁、文房四宝、琴、棋、书、画、博古，以及充满故事情节的戏曲人物、民间传说等。从红木家具上看到这些琳琅满目的花纹图案（图 388-392），我们对于红木家具的装饰艺术不能不叹为观止，无论从审美意义还是从文化蕴涵上，它们都会给予我们无限的启示。

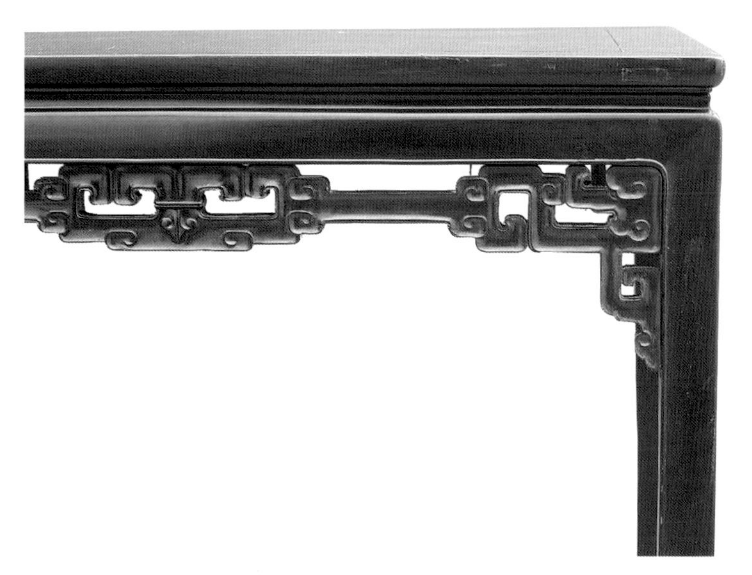

图 391 方桌的透雕方汉纹卷珠档牙图案装饰

图 392 屏背插角椅椅背的浮雕博古图图案装饰

四　红木家具的地方风格

红木家具的生产已不再像明式家具那样，仅仅在有限的地区和范围。由于红木原料丰富充足，在中国一些经济发达、贸易昌盛、交通便利、家具生产先前有基础的地区，很快成为红木家具的重要产地。它们以生产各类高级红木家具来满足新的生活要求，并受各地民风习俗的影响，红木家具在这些地区形成了各自不同的特色，产生了鲜明的地方风格。

从传世实物和文献资料来看，广州、苏州、北京、宁波、上海等地生产的红木家具不仅数量多，而且最有代表性，人们已习惯地把红木家具区分为“广式”、“苏式”、“京式”、“宁式”、“海式”，或称之为“广做”、“苏做”、“京做”、“宁做”、“海做”。其实，这也包括用紫檀等其他优质硬木生产的家具。这些地方，自清代中叶起，生产规模盛况空前，家具市场也十分活跃。现藏北京故宫博物院的金昆等绘于乾隆五年（1740 年）的《庆丰图》中，就有家具交易市场繁荣的情景。清末时期，据《北京琉璃厂史话杂缀》记载，当时琉璃厂一个古玩商竟一次买了两节车皮的“苏州成堂桌椅家具”作贺礼。

（一）苏式家具

苏州是明式家具的故乡，生产硬木家具的历史最悠久，在长期的生产实践中积累了非常丰富的经验。入清以后，苏州硬木家具生产在优良传统的基础上精益求精，产品除满足本地市场的需要外，大批运销全国各地。尤其是被称为“清三代”（康熙、雍正、乾隆）的优质硬木家具，无论在造型和工艺上，都达到了登峰造极的地步，在艺术风格上大多仍能保持传统作风。由于老花梨木的日趋匮乏，紫檀木又主要为宫廷使用，苏州已很少生产老花梨木家具和紫檀木家具。从流传下来的实物就不难看到，当时对这些材料，已到了非常珍惜的程度，许多小料也加以收集利用。苏州园林原有一对紫檀木书桌，竟然完全是运用长短小料胶接拼合制成的，不仅桌面采用不到 1 厘米宽的小木条拼花组成，就是腿料也是用长短不一的木条胶合起来的，束腰上的浮雕刻花，其实也是用紫檀木薄片制成后粘贴上去的（**图 393**），做工之精美，可称为一绝。这件被称为“千拼桌”的珍贵遗物（**图 394**、

图 393　紫檀木千拼桌束腰雕花贴片

图 394 紫檀木千拼桌

图 395 紫檀木千拼桌桌面卍纹图案

[11] 苏州地方志编纂委员会：《苏州市志》，江苏人民出版社，1995 年出版。

395），现虽残损不全，拼花也多散落，但仍可作为一件清代“苏式”的典型实例。红木家具则大多至今完好无缺。

康熙、雍正、乾隆一直到民国期间，苏州红木家具的生产经久不衰。据有关文献记载，嘉庆十五年（1810 年），苏州红木业已建立小木公所，也称巧木公所，地址在憩桥巷，道光元年（1821 年）、二十四年（1844 年）曾两次重修。据碑刻所记，道光元年，苏州小木作有二十四户，二十四年有六十七户。这些小木作户主要制作红木、香红木高档家具。宣统二年（1910 年），清政府于南京举办南洋劝业会，苏州红木制品有嵌石插屏、腰圆大餐台、瓷面方茶几和扇式几等，都获银牌奖。[11]

自乾隆以后，由于广式家具很快地风行起来，苏州红木家具的造型和式样也逐渐受到“广式”的影响，出现了与传统“苏式”风貌明显不同的“广式苏做”家具。所谓“广式苏做”，即是指参照广式家具的品类和式样，按照苏州的红木制作工艺生产的红木家具。另外还有一种是按照“苏式”传统的品类和式样，并继续沿袭苏州硬木生产的传统做法，但在装饰手法和花纹图案上，却是模仿广式或带有明显外来文化影响的红木家具。这些家具，人们习惯上仍称“苏式”家具，其概念的内涵是指清式家具中的“苏式”。这几种形式的“苏做”红木家具，都共同地反映出了鲜明独特的地方风格。

（二）广式家具

清代以来，取红木为主要材料，以广州为中心生产的家具均被称为“广式家具”。红木在广东地区叫做“酸枝”，红木家具也称“酸枝家具”。因其形体造型、装饰手法、艺术风貌都与传统明式家具不同，并自乾隆以后影响全国各地，举国上下成为一种时尚，并处于主导地位，所以广式家具一直被视为清式家具的主要代表。

清代的广州是输入西方文明的主要商埠，那里来往穿梭的很多是做生意的外国商人。当时设立的外贸市舶司，代表清政府管理着广州的一切外贸事宜，承销外商进口的商品和收购出口的物资，中国酸枝家具就是其中大宗出口的商品。“清代广州的酸枝家具行业大都集中于玉带濠沿南北两岸的几条长街”，[12] 家具生产有专业行会，当地称为“山寨”。从“开料”到“料榫、凿花、刮磨、上漆等工序”，都由行业会包干完成。“如果是属‘洋庄’的出口家具，为了缩减舱位面积，再经商行依榫口重新拆卸，然后装箱货运出口”。[13] 在频繁的对外贸易中，广东酸枝家具的形式不断吸收外来文化，使中国家具的传统受到极大的冲击，发生了很大的改变。

[12]［13］蔡易安《清代广式家具》，八龙书屋，1993 年出版。

17 至 18 世纪，在欧洲文化史上，巴洛克式（Baroque style）和洛可可式（Rococo style）艺术风靡一时。在中西文化的交流中，中国的明式家具曾一度影响欧洲，尤其在巴洛克式家具向洛可可式家具的转化过程中，起有重要的作用。同时，西方的巴洛克式家具及洛可可式家具也对中国家具发生了影响。尤其是洛可可式家具，使中国的传统家具首先在广州地区迅速地“洋化”起来。如广式家具几乎将整个家具都加以雕刻，使不少家具变成了一件件雕刻艺术品。这些家具雕刻精细繁密，式样新颖别致，既是地道中国制造的“西式家具”，也是“洋气”十足被西化了的中国家具。

广式红木家具根据造型上的需要，不惜用材上追求华贵艳丽的西方陈设效果，由于形体轮廓线条弯曲变化大，立面形象具有流畅的线形感和活跃的空间感。这种变形的特征还突出表现在家具的腿部，腿足式样的曲线更使广式家具的造型新异奇特。有一种俗称“鲤鱼肚”的太师椅（**图 396**），椅座前框和牙板都向前凸出呈半圆形，其用料之大，做工之费是可以想象的，再加上繁花簇锦的装饰和点缀，视觉效果特别强烈，给人一种着意夸张、炫耀财富的感觉。

广式家具的装饰，“洋花”、“洋草”占有相当比例，

图 396 广式龙纹太师椅

图 397 广式嵌螺钿小圆桌

除各式各样西番莲以外，还有“摩登花”、蔓草纹、葡萄纹、鳌鱼纹样等。中国的传统装饰纹样在造型、结构、表现手法以及构图处理上，也都出现中西合璧的形式，给人们增添了许多新意。如竹子纹样的变化，在广式家具上显得那样千姿百态，但又独具个性。除运用雕刻装饰以外，广式家具的螺钿镶嵌取得了卓越的成就（图 397），黑白对比而晶莹闪烁的色彩装饰美，增进了家具的艺术感染力，使广式家具显得格外的华丽富贵。当然，那些通体装饰、纹样繁杂的家具，也不免让人感到累赘多余，庸俗可厌。

（三）京式家具

北京是清朝政治、经济、文化中心，家具制作以清宫皇室的最有代表性。清代初期，继承明式做法，造型和装饰都是传统硬木家具的一贯作风。同时，仍重紫檀木和老花梨木，红木材料使用较少，但有取榆木、柏木、楠木、沉香木、椴木等制作家具的。雍正、乾隆时期，清朝统治者开始在工艺美术品上崇尚精雕细刻、光彩炫目的艺术风气。清宫造办处的家具在保持传统造型的同时，装饰风格上也渐渐吸取这种特色。优越的制作条件和充裕的加工时间，使家具格外纤密繁复，显示出沉重瑰丽的意趣和特点。从故宫遗存的家具实物中，可以明显地看到这些家具精丽华美的所谓“皇家气派”，人们往往把这些家具称为“京式”或“京做”。

清造办处的工匠主要来自苏州和广州，因此，在宫廷式样的总体设计下，不同的工匠所做家具又有一定程度的倾向性，即在京式家具之中常常能表现出“苏味”或“广味”来。这是京式家具对“广式”和“苏式”兼而有之的重要原因之一。当然，不能因为有这种不同的味儿就认为是“苏式”或“广式”。它恰恰说明，宫廷家具与民用家具相互之间有着联系与区别。“京式”的红木家具在这种区别和联系上往往会更清晰地得到表现。京式红木家具由于材料不受限制，故对于皇家来说，可以更随心所欲地去满足不同的物质需求和精神欲望。虽然这样的实物不算太多，但从民间模仿的大椅、贵妃榻等品类中可以看出，它们追求表现“京式”的气息和作风。由于清宫特殊使用功能的要求，还出现了一些适应满族生活需要的家具，包括其他特定所需的品种和式样。

（四）宁式家具

宁波地区的硬木家具生产也有悠久历史，大多继承传统式样，人们称其为“宁式”。据《鄞县通志》记载，甬匠工艺犹重“精兜巧雕”，漆作犹重“擦漆细工”，“其法纯用右拇指磨擦而成”，“完成之品光泽净靓似象牙，质古雅可爱”，并说“寻常一方寸之木，穷人一日之力，往往尚克完成，其余贵可知矣”。如此精湛的木工和漆工工艺，使宁波的家具闻名于世，其中最有特色的是宁波的镶嵌家具（图 398）。宁波的镶嵌家具从清初至道光时期，先后经过“木嵌　黄杨木与象牙嵌　骨木和嵌　骨嵌”等几个不同的发展阶段，道光后主要采用骨嵌，也有用螺钿作镶嵌的；形式可分高嵌和平嵌两种，前期多高嵌，后期多平嵌。高嵌似浮雕高起，平嵌以剪影平贴图案，布局匀称，轮廓形象生动，工艺精密细致。根据不同的题材内容和形式可分两种，一种是以临摹当时书画家作品制成骨嵌的所谓“丹青体”，一种是民间艺人设计的民间装饰性绘画的“古体”纹样，[14] 两种装饰各奏其美，各具特色。

清光绪十四年（1888 年），宁波地方官吏曾为慈禧特制一对骨嵌茶几，作为贡品送往北京，现藏北京颐和园乐寿堂。现陈列在嘉兴南湖烟雨楼的骨嵌家具，也是宁波制作的优秀家具，它们皆是宁式家具中具有代表性的作品。

[14] 张炳晨：《宁式家具初探》，《家具》，1984 年第 1－6 期。

图 398 宁式圆台台面嵌螺钿山水人物图案

清代末年，宁波家具生产主要集中在崖塘街一带，作坊多至几十家，还有专门做家具生意的商行。不少外国人经常去那里定制或购买红木家具。[15] 宁式红木家具除全部采用红木料制作家具以外，有在同一件家具上用红木做木框，瀏鶒木等其他木材为板心的，有正面用红木，两侧、后背用一般木材的，也有用当地的优质黄椐木做框，红木为板心的；有时，一件家具上还能看到四五种不同的木材。这些家具，只要用上红木，做工都比较讲究，且或雕或嵌，以示高一档次。从雕嵌的花纹图案和装饰格调上，极易看出鲜明的地方色彩。

[15] 1995 年 4 月与袁振洪赴宁波考察采访中收集的资料。

自鸦片战争以后，宁式家具一味模仿“广式”，家具形体多变化，凭借镶嵌工艺的深厚传统基础，嵌螺钿家具迅速兴起，渐渐成为“宁式”的重要特点之一。

（五）海式家具

海式家具是指清代晚期至民国时，上海地区生产的以红木为主要用材的家具式样。清代中叶以后，中国传统家具生产受到西方文化直接影响的，除广州、宁波以外，就是上海。上海处于长江下游地区，与以苏州为中心的江南连成一片。因此，上海的家具一直同苏做家具一样，遵循着明清以来传统家具的一贯做法，其中临近上海的松江地区的家具就曾十分出色。清代晚期以后，上海处于新的经济、政治、文化环境中，又以追求西方家具和广式家具为时尚，故上海的家具常常在形体构造上添加许多西方的形式特征，甚至在内部结构上也学习西式家具，从而使家具显现出一种“海式”样子。这种式样的家具十分讲究大效果和新潮款式，力求新颖别致，不免给人一种显眼华丽之感，缺乏耐看的传统文化内涵。其外表还竭力模仿紫檀色，涂棕黑或红黑色的漆层，所以到了 20 世纪 40 年代，又有把这一时期的“海派”家具称为“黑木家具”的。

海式家具在吸收西式家具的创制过程中，出现了许多新的品种和新的款式，如在当今江南地区广为流行的镜台、雕花片子床、床头柜、转椅、大衣橱、餐桌、玻璃书柜等（图399），对现代家具的发展产生了很大的影响。

图 399 海式梳妆柜和床头柜

第四章

红木家具的鉴赏和收藏

一　红木的品种和识别

中国硬木家具，素来重视木材的材质。明式家具选用优质硬木，紫檀木、花梨木、鸂鶒木、铁力木等为主要用材，就是因为这些木材坚硬细密，色泽华丽，花纹优美。紫檀木质地最坚实致密，每立方尺重 35 千克，[1]入水下沉，耐久力强，色殷红或棕紫，无疤痕，并有晶莹闪烁的光泽和良好的纹理。老花梨木呈琥珀色调，木质纹理稠密光滑，锃莹明亮，尤其是花纹似“鬼面者”特别惹人喜爱，且又能散发出微弱的香气。老花梨与紫檀均被视为世界上最高贵的家具用材。鸂鶒木、铁力木除坚实的木质外，也都以美丽的木纹而深受人们的青睐。

红木，是继老花梨、紫檀以后采用最多、最贵重的优质硬木。但传统红木家具所选用的木材并非都是同一树种，其品种和名称多达十几种。如酸枝木、红木、老红木、新红木、香红木、红豆木、花梨木、新花梨木、老花梨木等。近些年来，还有所谓巴西红木、泰国红木、缅甸红木、老挝花梨木、越南花梨木等。由于红木家具的用材有这许多种不同的名称和类别，因此一般谓之红木的家具在用材上体现的品质和价值也有着很大的差异和区别。故而，无论是对以前流传下来的红木家具作鉴赏或收藏，还是对现代红木家具进行选购，均需首先正确识别家具采用的是什么材质的红木。现择其主要，简介于下：

（一）酸枝木（老红木）

前文已引述关于酸枝即“孙枝”，又名“紫榆”的文献资料。酸枝木是清代红木家具主要的原料。用酸枝制作的家具，即使几百年后，只要稍加揩漆润泽，依旧焕然若新。可见酸枝木质之优良，早为世人瞩目。

酸枝是热带常绿大乔木，产地主要有印度、越南、泰国、老挝、缅甸等东南亚国家，原先在我国福建、广东、

[1] 参见王世襄《明式家具研究》，三联书店有限公司，1989 年出版。

云南等地也有出产。酸枝木色有深红色和浅红色两种，一般有“油脂”的质量上乘,结构细密,性坚质重,可沉于水。特别明显之处是在深红色中还常常夹有深褐色或黑色的条纹，纹理既清晰又富有变化。酸枝家具经打磨髹漆，平整润滑，光泽耐久，给人一种淳厚含蓄的美。

酸枝木北方称“红木”，江浙地区称“老红木”，故酸枝家具除广东地区外几乎都称红木家具或老红木家具。清代的红木家具很多是酸枝家具，即老红木家具。尤其是清代中期，不仅数量多，而且木材质量比较好，制造工艺也多精美。在现代人的观念中，它是真正的红木家具。

（二）花梨木

花梨又称“花榈”。史籍记载至少可分两种，一种是明中期王佐《新增格古要论》中所讲的“出南番、广东，紫红色,与降真香相似,亦有香,其花有鬼面者”的花梨木，即《琼州府志》物产木类中所称的“花梨木，红紫色，与降真香相似,有微香……”的花梨,也就是被今人叫作“黄花梨”的花梨木，还曾有过“海南檀”、“降香黄檀”等名称。这显然已不在“红木”的观念范围。据多方面材料介绍，老花梨主要产于东南亚和南海诸地，数量并不很多，是明式家具最主要的用材之一。

另外一种则是北方也称“老花梨”，实则是“新花梨”的花梨木，[2] 这种花梨木台湾就称“红木”。[3] 它是一种高干乔木，高可达 30 米以上，直径也可达 1 米左右，在热带和亚热带地区如泰国、缅甸和南洋群岛等地均有出产。过去在我国海南和广东、广西地区也有相当数量的花梨木。这种花梨木在《博物要览》中记载说：“叶如梨而无实，木色红紫，而肌理细腻，可做器具，桌、椅、文房诸器。”陈氏《分类学》中也说：“花梨木为红豆树属，高可达一丈八尺至三丈……浙江及福建、广东、云南均有之。闽省泉、漳尤多野生……木材坚重美丽，为上等家具用材。”

[2] 参见王世襄《明式家具研究》，三联书店有限公司，1989 年出版。

[3]《清代家具艺术》，台湾历史博物馆，1985 年出版。

清代不少红木家具实质是这些花梨木制造的。现代从海外进口的花梨木大多也是这类品种，已成为红木家具最主要的用材。

但据明代黄省曾《西洋朝贡典录》中的记载，早就认为“花梨木有两种，一为花榈木，乔木，产于我国南方各地；一为海南檀，落叶乔木，产于南海诸地，二者均可作高级家具”。海南檀即老花梨，故明代除老花梨家具以外，应当也早有明代花梨木家具。

在这里，我们不能不提出这样一个问题：明代若有上述两种花梨木和花梨木家具，为什么除老花梨家具以外，几乎未见有花梨木家具的介绍？清代除红木家具以外，也极少专门介绍花梨木家具。如果说是因为混淆了用材品种的识别，花梨木家具在明代已确有生产，又有遗物传世的话，那么，今天我们对红木家具这一文化现象的认识过程，将会具有更深刻的意义。

（三）香红木（新红木）

香红木是花梨木的一种，北方称“新红木”。色泽比一般花梨木红，但较酸枝浅，重量也不如酸枝，不沉水。纹理粗直，少髓线，木质纯，观感好。20 世纪六七十年代大批进口，当时常用来制作出口家具。

（四）红豆木（红木）

红豆木系豆科，古时也称“相思树”。唐代王维诗云：“红豆生南国，春来发几枝。愿君多采撷，此物最相思。”古时，红豆木主要生长于中国广西、江苏和中部地区，木材坚重，呈红色，花纹自然美丽。红豆木家具见于清朝雍正年所制家具的有关档案材料，有紫檀木牙红豆木案二张，红豆木转木桌、红豆木条桌、红豆木小别床各一张，红豆木矮宝座二张。[4] 朱家溍先生注明红豆木即红木。1982 年，我在浙东地区进行明清家具考察，发现过一件小书桌，似红

[4] 朱家溍：《雍正年的家具制造考》，《故宫博物院院刊》，1985 年第 3 期。

木，但物主却告诉说：小桌系祖传，是用“红豆木做的”。可见在民间流传的红木家具中，还有红豆木制作的家具。

（五）巴西红木

巴西红木因产于巴西，材色又为绯红色或红紫色而名。我国用它来制造家具只是在20世纪70年代以后。巴西红木的品种较多，其中有巴西一号木，深色心材，结构均与花梨木同，且比花梨木略硬，但性燥易裂，尚浮于水;巴西三号木，结构细密，心材为紫色，材重质硬，强度大，能沉于水;三号木与老红木有时相似，但做成家具后，容易变形开裂。

（六）其他品种的红木

近年来,根据产地不同,有所谓“泰国红木”、“缅甸红木”、“老挝红木”等各种新的名称。所谓泰国红木,其实就是香红木或花梨木;缅甸红木简称“缅甸红”,广东地区称“缅甸花梨”;老挝红木广东地区称“老挝花梨”。这些品种多以产地命名，尤其是后者，常常树种混杂，质地差别很大，其最明显的特征是色泽呈灰黄和浅灰白色，质地松，重量轻，其中有些已无法与红木相提并论，也说不上属优质硬木，更不能归属于贵重木材。

自古以来，有关木质材料优劣的判断和识别，惯以木材的大小和曲直，木质的硬度和重量，木色的品相和纹理，木性的坚韧和细密，纤维的粗细或松紧以及是否防腐、防蛀，有无香味等为标准。因此，人们在长期的实践中，对各种木材已有相当的认识和了解，古籍中关于论木的经典，现代著述的科学介绍，都为我们识别家具用材提供了许多宝贵的依据。我们在鉴别红木家具的木材时，可以运用各方面的知识和经验。

酸枝木与花梨木是传统红木家具的两大主要用材，它们好似制造红木家具的一对孪生姐妹。许多纹理交织、条纹清晰美丽的花梨木，虽与老花梨木有差别，但构造与酸枝木十分相近，若对两者作更深入比较的话，可进一步从木质肌理的变化中加以判别。一般来说，酸枝木肌理的变化清而显，花梨木肌理的变化稍文且平。肌理是物质通过视觉或触觉等使人产生的一种审美感受，它常常可以帮助人们确切地了解物体的本质属性。因此，从木材材质的肌理中去获得某些特殊的直感，往往可以更直接地认识和区别它们的差异。

另外，识别传统红木家具的用材，不只是与某些树种或木材的鉴别有关系，还需要从特定的历史观念中，结合许多社会因素，进行全面综合的分析，才能更好地作出判别。一件近百年甚至几百年的旧红木家具，材料的具体产地，树种的品质，运输、生产和长期使用过程中的各方面情况，人们都已无法了解，因此在辨别是红木或花梨木时，我们只能根据长期积累的经验，结合每一件家具的具体情况，作出实事求是的分析。有些人单纯依靠照片上的纹理或色泽来作依据，或者选出一二种木材的花纹和色彩作为某种木材的鉴别标准，这不能不使鉴别受到严重的局限。在宁波天一阁有一件也被称作“红木”的供桌，质地润厚锃莹，呈浅棕色，并有白皙的纹理，宁波市博物馆负责人洪可尧先生告诉我说，这是一种少见的白红木。仔细观摩，质清地明，滋润光滑，包浆亮[5]美得叫人赞不绝口。这不由使人想起紫檀木中也有民间所称的“白紫檀”。此红木供桌的用材除称其为“白红木”外，确无其他更合适的名称。所以，对清代红木家具，在弄清酸枝木和花梨木之外，凡属红木类木质的确实不在少数；对有些用材，我们可按其材质属性来区分，在尚不具备条件的情况下，并不需要弄清是什么树种的“红木”。

现代红木家具的生产，更是完全处在另一种情况之中，采用酸枝木和花梨木制造的家具已很少见到，那些所谓的“缅甸红木”、“老挝红木”、“巴西红木”等业已成为红木家具的主要用材，甚至还有将新铁力木制作红木家具的。许多木材既没有红木的色泽，更无红木的材质，但经打磨、着色、揩漆后，一般人已很难识别它们。真想要分辨清楚，唯一的办法是亲临生产单位，在产品着色揩漆以前，看出它们的真面目。

二　红木家具的年代鉴定

判别红木家具的制造年代，似乎不像明式家具的年代鉴定那样复杂和困难，一是因其历史短，从清代生产算起，至今仅 300 多年；二是流传的实物丰富，可以作多方面的比较和研究；三是现代仍大批生产，从中也可了解许多相关的知识。所以，红木家具的年代鉴定，或许会比较顺利些。但是，红木家具品种复杂，产地较多，形制各异，要作确切的断代，也并不像有的人想象的那么容易。

一般来说，进行红木家具断代，可以遵循明清硬木家

[5] 优质硬木家具经长久使用后产生的自然光泽，给人以玉质般的明莹和美感，俗称“包浆亮”。

具年代识别的方法，从掌握基本规律方面入手。

（一）根据家具品种鉴别

家具的一些品种和形制，不少具有相对的年代特征，可以作为鉴定的依据之一。清代早期，红木家具的制造承继明式的造型，品类形式大多保持明代的传统，工艺手法也大致相同，如四出头扶手椅、文椅、圈椅（见图338、339）、平头案、书案、圆角橱等，很少会是乾隆以后仿制的。因此，我们可以判定它们的年代在清代早期。

有人认为，凡是采用红木、花梨木等材料制造的硬木家具，“多为清式或晚清、民国时期带有殖民地色彩的家具”，并说“倘作明式，因材料的年代和形式的年代不符，已可知其为近代仿制”。[6] 故而，一见用材是红木、花梨木制造的明式家具，有的人就作此结论，一概认为它们是仿制的，不屑一顾。这种仅仅以用材的主要年代来判别红木家具的论点，不仅对明清硬木家具的断代工作造成十分不良的影响，而且会产生很大的偏差。这里，有必要再作些说明。

首先，关于红木或花梨木使用的年代，最迟在清代早期就已开始。我在前文已有介绍。根据有关文献资料的推断，或许还更早，绝不可能直到清代中期以后才用红木和花梨木制造家具。至于是否自晚明以后就已经逐渐使用这些木材，因至今很少有人注意和研究，更正确的结论有待以后深入探索；但明式红木家具较多地在江南地区被发现已是事实，而且确实不是“近代仿制”的，恰是清代早期的遗物。所以，我们不能忽视清代早期使用红木制造明式家具以及它在明清硬木家具发展中所产生的特殊重要作用。

这里，我们可以举在江南地区被称为“小书桌”的红木带隔层平头案为例（图400）。这种形体规格较小的明式夹头榫平头案，据《明式家具研究》作者的介绍和分析，

[6] 参见王世襄《明式家具研究》，三联书店有限公司，1989年出版。

图 400 带隔层小平头案

认为由于它“有了隔层”，“影响腿子的坚实”，又“不宜多放东西”，因此“利用率不大”，实物“传世不多”。我们在调查中发现，实际情况恰好相反，这种小书桌不仅小巧精美，单纯典雅，而且正因为有了隔层，很适应书房画斋中叠放书卷、安置文房用具，故在江浙一带广为流行，至今此类小书桌仍屡见不鲜。其用材除红木以外，有榉木、楠木、老花梨木、花梨木等，是明式家具平头案中具有典型性的品种之一，也是具有鲜明地方特色的产品。这种小书案假如正像《明式家具研究》作者所说的，是利用率不大而又不坚实的明代早已有的平头案，那么，就不可能到了清代的中晚期再来进行仿制，因为从审美功能还是实用的要求，都不可能再如此广为流行。从小书桌这一品种和形制可以证实，并非只有到了清代中期以后才用红木来制造硬木家具，更不能说红木制造的明式家具一律都是近代仿造的。清代早期的红木明式家具与清代中晚期的仿明式家具皆有许多实例，只要反复比较，是可以区别而做到泾渭分明的。

清代中期和晚期，红木家具在品种和形制上都出现了许多创新，对于各种新品种和新款式家具的断代。如写字台、镜台、大衣橱、套几、躺椅、双台茶几、三足独梃圆桌、西式扶手椅、独座等，一般要容易得多，它们有的已是民国年间制造的品种，同现代生活有着直接联系。清代晚期盛行的插角屏背椅，就是介于扶手椅和靠背椅之间的一个新式样，这种椅子的插角和屏背可装可拆，以方便包装和运输，时代性也十分鲜明。

（二）根据制造工艺鉴别

民间匠师判别红木家具的年代，总是以工艺手法为重要依据，他们最称赞清代乾隆时期的做工，并以此作为一种标准。通过对比，常常可找出各类家具的“生辰”和“八字”来。这几乎是他们的一种知识“专利”。通过长期的请教、访问，我们也可大致熟悉和了解这方面的经验。譬如，依据清代乾隆前后一段时期线脚的做法，结合木工、漆工工艺或雕刻手法等，就能把握一些家具的制作年代。苏州文物商店藏有一件红木花几（图401），高101.5厘米，几面48.5厘米见方，螳螂肚，禹门洞，起碗口线，面板采用云石镶平面，方环纹起洼盘阳线，嵌珠插角，脚柱大倒棱盘阳线起洼，下档凹凸桥梁档，脚头俗称“蜒蚰脚”。花几形体洗练，造型落落大方，平帖匀称的线脚，简练精美的轮廓和细腻精致的工艺,不愧为优秀的乾嘉做工，成了我们判别其制作年代的极好依据。

图401 花几（苏州市文物商店藏）

清代红木家具多雕刻，不同时期的木雕技艺和手法，各地木雕风格形成的时期和艺术特点，都会比较清楚地反映出家具制作的时代面貌。清代晚期，江南各地都盛行一种灵芝独座，形体大致相同，但从雕刻的灵芝纹样中，我们就能分辨出它的产地和具体的制作年代。假如我们从传世的许多红木雕刻家具中，列出一个乾隆至清末木雕的形式系列，就可从中获得断代的知识。

（三）根据产地特色鉴别

红木家具年代的鉴定与鉴别红木家具生产的产地有着不可分割的联系。我们经常会发现，在不同的产地，既有不同的品种，不同的工艺手法，又有许多产品在相互影响中流传和发展，细加推敲，可以找出许多有利于我们鉴别制造产地和年代的规律性的东西，作为断代的又一个依据。

这里略举主要产地的一二特色，概述如下：

“苏式”的许多传统品种在接受“广式”影响的过程中，先着眼于装饰，表现出许多与苏式传统不很协调的装饰手法，从而使苏式家具打上了广式的印记。这类家具主要在清代的中期。那些广式形制的苏做家具，在外形上已渐渐广式化或西洋化，仅仅在做工上还表现出苏式特色的，一般是清代晚期家具。其中也有两种形式，一种是整体造型式样的广式化，另一种是精致繁琐的装饰。具体特征如美化家具的束腰，有采用镂空盘线脚的，有嵌黄杨木条的,又有加工装饰线脚同时增设精细叠刹的。又如牙条装饰部件的变体擢脚档，结子雕刻的写实性变化等，在清代中叶的苏式家具上往往相当突出。另外，苏做家具多镶瘿木面板，而面框的做法又多做内圆角，面板多做镶平面，几乎不做落堂面；凡落堂面则多起堆肚，堆肚四角也与面框交角一样都起圆角。这些在清代中晚期的家具中都有许多典型的实例。

另外，在苏式家具中最多的是各式各样的桥梁档，这种中间外凸、两旁凹下的造型和做法还用作椅子的搭脑。到清代中晚期，椅子座面的前挺也做成这种形状，而且从上到下形成一种定式，民间俗称“马鞍式”，成为苏做清式椅子一种独特的造型（见图 195、206）。这可能因为广式框档多所谓“鲤鱼肚”，而苏式椅子的传统形式方正，为了学习广式的变化，故反其道而行之，以求标新立异所致。

广式家具在不同历史时期也表现出许多相应的形式特征，成为广式断代依据的重要构成因素。例如俗称“鸭尾式”的尖兜钩，为清代后期的一种变体式样。这一形式来源于传统的兜接做法。清代中期多做方钩，后方钩改为尖角，方角改为圆角（见图 210），家具造型也因此显得更加空灵轻便。再如，许多广式椅子靠背不直接与椅盘相连，在两后腿间往往设立横档，或高或低，结构和造法与苏式椅子有着明显的不同，这也是不同时期形式变化中的一个特征，可以作为确切的断代依据。

红木家具的断代，结合明式和清式家具断代，包括京式、宁式和海式等，在许多方面相互补充，相互借鉴，通过互相比较，在看到共性特征的同时，找出它们的区别和个性特征来，就能帮助我们找到满意的答案。

(四) 根据花纹图案鉴别

采用装饰纹样断代，也是最常用的方法。花纹图案内容丰富，可比性强，故容易分辨。尤其是在家具品种、形制变化的年代，装饰图案也常会同时出现各种新的改变。如清代家具纹饰接受西方影响的题材和形式，就直接为我们提供了家具断代的依据。另外，不同地区由于历史、地理、文化环境的不同，在装饰纹样的题材、构成和手法的运用上，也常表现出各自的特性。苏式家具多花鸟、云龙、螭纹、莲藕、玉璧、云纹、博古、双圈等传统图案，广式家具多西番莲、洋花、蔓草、鱼纹、蝙蝠、梅花、竹子、瓜果等写实性图案，这些都可作为对家具年代产地判别的依据。当然我们也应看到，红木家具兴起时间不长，纹样相对变化较小，因此，对清代早中期的一些家具纹样，有时仍需结合其他各方面的材料，通过综合的分析考证，才能作出确切的判别。

其实，断代鉴别，总是按历史年代排列前后。不管是什么时期、哪些年代的家具，它们都处在一个延续不绝的必然次序之中。次序也是一种规律，断代的方法归根结底是寻找规律的方法，是前前后后相互比较的方法，遵循这些方法，对红木家具进行科学的断代也好，品评也好，都是可以克服困难，有所收获的。

三　红木家具艺术品质的鉴赏

(一) 鉴赏的历史尺度

从红木家具的产生、形成、发展的历史过程，我们看到了这一家具文化现象的历史性和时代性。因此，品评鉴赏红木家具的艺术品质，首先应该尊重历史和时代所赋予家具文化的功能、作用和价值。因为，没有特定的历史环境，没有特定的时代精神，也就不会有特定的艺术形态和特定的文化现象。红木家具的品类、造型、工艺、装饰，都离不开这种特定的历史因素和时代因素。在鉴赏活动中遵循这一历史的尺度，才能取其精华，去其糟粕，通过鉴赏活动不断提高人们的认识水平和鉴赏能力。

中国工艺美术史上，宋代的瓷器细洁净润，神余言外，给人以“芙蓉出水”、“妙造自然”之美，清代瓷器五彩缤纷，瑰丽灿烂，给人以“错彩镂金”、“铺锦列绣”之美，明式家具气韵意逸、婉约文气，当属前者，清式家具精雕细嵌、富贵华丽，应属后者，这是不同的艺术形态在人们审美活动中体现的两种主要艺术倾向。红木家具生产的主要年代已是清代中期，正当清式家具兴盛的时期，因此，红木家具的艺术性，主要体现着清代家具的艺术风格，更多地表现出“清式”的艺术特色。

有些人崇尚中国明清硬木家具中的明式家具，对清式家具久持贬抑的态度，认为清式繁琐累赘，华而不实。其实，这只是其中的一部分，清式家具也不乏优秀之作。如果我们同样采取现在不少人鉴赏明式家具的方法，借助古人诗品、画品等标准，那么，我们也不难结合实例，可以列出清式家具诸多的“品”来：“雄浑”、“纤秾”、“高古”、“劲健”、“绮丽”、“缜密”、“清奇”、“静穆”、“华贵”、“壮伟”、“凝重”、“富妍”、“锦绣”、“典雅”、“委婉”、“厚拙”等，大有十品、二十品的。从这些美丽而富有联想的辞藻中，人们完全可以得到种种联想，同时，也可以找到所谓“赘复”、“臃肿”、“滞郁”、“纤巧”、“悖谬”、“失当”、“俚俗”等“病”例，[7] 使人感到其毫无艺术品位。当然，这里我们无须一一再作赘述，尽可让仁者见仁，智者见智，由人们自己从审美鉴赏活动中去得出结论。

[7] 参见王世襄《明式家具研究》，三联书店有限公司，1989 年出版。

（二）鉴赏的造型尺度

任何形式的家具，造型是基础，是决定艺术品质高低的重要条件。红木家具也一样，不论是“明式”还是“清式”，是“苏做”还是“广做”，都要符合造型的基本规律，做到在结构上科学合理，在比例上协调匀称。这种规律性的体现是通过每一件家具的个性形式获得的。如无束腰的明式四出头扶手椅与有束腰的清式太师椅，它们都各自按照特定的形式特征和内在的尺度，给人们不同的审美情感和意趣。显然，太师椅整体的比例不同于四出头扶手椅的尺度，四出头扶手椅的结构也不同于太师椅的规范，否则它们的造型决无特色，形象不能传神，艺术格调也无法鲜明。这种造型的尺度，既是抽象的，不定的，也是十分具体的，规律化的，人们可以在不断的鉴赏活动中，逐步地得到认识，以求对明清家具以及红木家具的艺术品质有比较科学的品评。

家具形体的造型，是一种实体形式的创造。红木家具

图 402 梅花桌

的品类超过历史上任何一个时期，故在家具的造型上又一次出现了许多前所未有的形式，不少有特色的家具造型，不仅给人们新颖脱俗的感受，而且一直启发着人们的创造力和表现力。这对于我们品评家具造型的艺术品质，不能不说是十分重要的尺度。例如，一件红木梅花桌（图 402），利用桌沿边框加饰类似束腰形式的凹凸立墙，使桌面在寻求平稳感的意匠中实现了圆和通顺的审美效果。尤其是桌面与底座中间五片竖立的镂空透雕站牙，使桌子的造型显得丰富而又不同凡响，突破了明清以来各类桌子的常见做法。承托站牙的圆形台座做成有束腰的小于圆几，也能与桌面上下呼应，浑然一体。这件尺寸比一般圆桌小的梅花桌，与圆凳配成五件一套，陈设在庭园的四面厅内，挺秀生动，不失雅趣。因此，清代中叶，不少红木家具在传统硬木家具的造型上体现出了推陈出新，取得了一定的艺术水平。

家具造型的内涵也包括一些程式化的装饰性部件。清式红木家具四腿足的造型一变明式直柱和马蹄腿的式样，多采用“三弯脚”和足头的形式变化，特别惹人注目（图 403）。其中有一种收腿式（图 404、405）也似三弯状，在腿足上部的三分之一或五分之二处作内收，至足后又向外移出，在这两部位又时有程式化的雕刻，脚头有灵芝、如意云头或兽面等。这种脚式在清代中晚期红木家具中几乎成为一种定式。有人将这种特定造型的腿式与“明式”相比，说它是一种“生硬庸俗”的“矫揉造作”，是一种“无意义的弯曲”；而我们从

图 403 广式长方桌的三弯脚造型

图 404 方茶几的收腿式造型

许多清式硬木家具上看到，通过腿部的这种弯曲和线形，使家具的造型取得了上下呼应,从而避免了由于用料粗厚，形体体量庞大而令人产生呆板失调的感觉，使清式家具在造型上表现出了不同于“明式”的特征。这类家具，如果换上“明式朴质、简练”的脚式，那么，也许就从根本上改变了清式的造型而出现不可思议的形式。可见，任何造型，其局部是整体的局部，不能孤立地将它脱离整体后来讨论，否则是不会有任何意义的。这是在红木家具艺术性的鉴赏中，运用造型尺度的又一深刻含义。

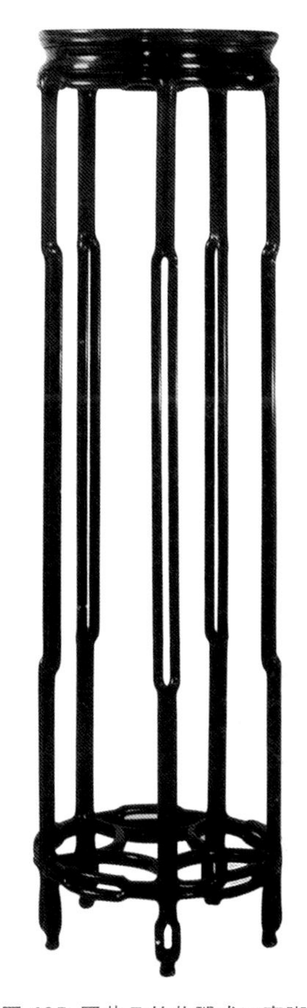
图 405 圆花几的收腿式三弯脚造型

(三) 材美工巧的尺度

几个世纪以来，在朝廷，在民间，都将红木家具与老花梨、紫檀木家具一样列为最贵重的高级家具，还将它们看成是优秀的传统工艺美术品。许多西方国家，将中国的红木家具作为中华民族近代物质文明的标志之一。之所以如此，一个共同的原因，就是因为红木家具像其他所有的传统工艺美术一样，典型地反映了中国工艺美术“材美工巧”的艺术特色。

红木家具材质之美，有人试图将它与紫檀和老花梨作比较，认为兼有两者的优点，故曾经出现过黄花梨仿红木色的情况。当然，这是归于历史的一种过失，但它却说明了家具材质在人们的审美心理中具有特殊的地位。包括在红木家具中经常选用的石、牙、骨和螺钿等用材的材质和品相，都深刻地表达和反映着我们民族工艺的优秀审美传统。在长期的封建社会里,“君子比德于玉”,[8] 始终将仁、知、义、礼、乐以玉作比喻，将玉之温润、缜密、清越等种种品质作为真、善、美的象征。红木家具的艺术品性往往通过尽善尽美的材质来达到更高的审美境界，鉴赏中也就自然而然地以此为一种尺度。虽说材美不等于艺术，艺术品质的高低并不取决于用材的好坏，但是选材不当，甚至瑕秽侵体，至少会使人感到美中不足。

[8]《礼记 · 聘义》。

好料必求好工。以工巧为美，是红木家具继承工艺美术优秀传统，获得高级艺术品质不可缺少的又一重要标准。“工”、“巧”两字，在中国古代的字义上，既是指优良的工艺技巧，又含有美饰的意思。《说文》注“工”曰“巧饰也，像有人规矩也”，《玉篇》和《传》皆注“善其事”也；《说文》注“巧”为“技也”，《广韵》云“能有善也”，《诗·卫风》则取“巧笑倩兮”来形容少女的美貌。这无不说明古人一贯以工之“巧”来深化美的意匠，运用卓越的工艺技巧来创造独特的形式美。制作家具的能工巧匠，通过精巧娴熟、得心应手的技能，使红木家具同样获得了“巧夺天工”的艺术效果。他们集木工、雕刻、镶嵌、髹饰于一体，一丝不苟，精益求精，以耐看、耐摸、耐用的物化形态，给人们以永久的艺术美的享受。

四　古旧红木家具的市场和收藏

（一）从文化部门的收购到民间市场的经营

从20世纪50年代起，硬木旧家具主要归属各地文化部门的文物商店收购和销售。民间在交易中，常有利用旧家具的硬木材料去制造印章盒、筷子、乐器和各种工艺小件的。以后外贸有关部门为了出口的需要，开始大量收购红木旧家具。70年代，上海口岸、广州口岸堆放在外贸仓库的旧家具有成千上万件。1975至1976年，笔者曾多次组织青年设计人员去上海外贸部门的红木家具仓库进行测绘工作。记得其中有不少非常优秀的作品，限于当时的条件，未能详细地积累资料，仅根据生产部门的要求绘制了一些家具图样。

80年代初，我在一次对江、浙、皖三地的明清家具考察中，又看到了不少资料。不少地区的文物单位，城市和乡村广大民间，都收藏和流传有不少明清家具，其中红木家具占有相当的比例和数量。民间开设经营的旧家具商店，当时在苏州仅有王天井巷内一家，其他地区很少发现。前文介绍的红木架子床就是当时该店负责人送的一张照片。不久后，想去作测绘时，红木床已被德国驻华大使馆的官员买去运往北京了。据店主说，售价是人民币1200元。以后，利用赴外地出差的机会，也总想了解各地旧家具的情况，但南北各地城市很少有专门经营旧红木家具的店铺。

最近10多年来，民间旧家具买卖已逐渐兴旺起来，尤其是在经济文化均较发达的地区，红木家具市场出现了空前繁荣的局面。在苏州市区范围内，目前经营旧红木家具的大小店面少说也有上百家，大多是前店后坊，由专业工匠进行修理和仿制。浙江宁波地区也有十多家个体户，木器的经销额竟有几千万元。这些民间旧家具的经营活动，相互之间均有联系。各地的古物市场也都有古旧家具出售，如上海城隍庙古玩市场，天津古物市场，北京琉璃厂古物市场，朝阳区木器市场，皇城根旧货市场，南京夫子庙等。

（二）从国家和单位收藏到民间收藏

市场的变化，反映了旧家具需求趋向的变化。原先，文化部门按国家文物政策规定，凡符合收藏条件的，都应保留收藏，或转交当地博物馆和文管会，或单位自己收购陈列。20 世纪 80 年代以后，红木家具收藏渐渐转向民间，不少收藏爱好者投资于古旧家具，而更多的则是随着经济收入的提高，买回家中，既可供日常生活使用，又可作保值收藏。如宜兴一地，许多人家开始先在家中添置了新做的红木家具，后又卖了新货购买旧货。旧红木家具在不少人的眼里已越来越成为一种新的“古董”。这些年来，市场上不断掀起古旧家具热，价格一炒再炒，几倍十几倍地上涨，更使一些人热衷于旧红木家具的收藏。

（三）红木家具的收藏价值

单纯为了满足日常生活的需要购置红木家具，其目的仅是使用，这不能说是收藏。当然，收藏的红木家具，许多仍不失良好的实用功能，根据居室条件，或客厅，或书房，或卧室，摆上几件，仍然是非常时髦的。

不过，既然是收藏，使用的价值就显得并不重要，保值也不能是主要的目的。当今，旧红木家具确已成为一种“古玩”，因此，它十分需要人们对它的历史、艺术、科学价值作出全面的分析、研究和认识，从而在收藏活动中使之发扬光大。旧红木家具的价值取决于每件家具自身历史的、艺术的、科学的价值，因此，必须研究它的历史，分析它的内容，鉴定它的制造工艺，区别它的产地，揭示它的内涵以及在中国物质文化史上的价值。如果不具备其中任何一个价值，这件家具就没有研究和收藏的必要。

凡有收藏价值的红木家具，收藏中都应加强保养。在注意保持完整无缺，不使任何部件受到损坏或损伤的同时，还要注意它的完美性。所谓完美，是指家具的原貌不能加以人为的改变。如将旧家具作重新揩漆或打蜡，即使内质不受影响，但常常做得滑溜贼亮，完全失去了旧家具原有的气息，实际上已造成不可弥补的损失。传世的红木家具，一二百年很少会有散架的，大部分都保存得相当好，无须再作修复、翻新。市场上修复、翻新的旧红木家具大多是经商者所为，有将破损的旧货修配加工的，有用旧料作改制的，更有完全采取新料仿制，再采用一些手法做旧作伪的，这些家具当然很难说有什么收藏价值。

图版索引

后记

本书于 1994 年 11 月开始写作，完稿于 1995 年 8 月初。书名和内容要求是由浙江摄影出版社选定的，因此，对作者说来乃是一部命题性的著作。在中国古代家具文化史研究中，明清硬木家具是十分重要的课题，而其中流传最广、数量最多，且至今仍然深受欢迎和继续生产的则是红木家具。“中国红木家具”作为明清以来家具文化中的一个专题来研究，有着特殊的意义和价值。故此，本书的选题与出版，首先要感谢浙江摄影出版社，是他们为弘扬我们民族传统文化艺术，做出了一份努力，填补了一个空白。同时，也给了我如此良好的机会。由于作者才疏学浅，如有谬误不当之处，恭请方家指正。

长期以来，我在收集资料的过程中，得到社会各方面给予的大力支持，今特感谢苏州市园林管理局、苏州市文物商店、中央工艺美术学院、浙江省博物馆、南京博物院、江阴市博物馆、扬州市博物馆、宁波市博物馆、杭州市文物商店、故宫博物院原修复厂、避暑山庄管理处、安徽歙县文化馆、吴县文管会、西泠印社、天一阁、上海外贸公司仓库、苏州红木雕刻厂、广州红木家具厂等单位。他们有的提供了珍贵的资料、信息，有的为拍摄实物照片给予许多方便，并允许发表介绍。

同时，更有师长们给我的研究工作以热情的鼓励和帮助，有关领导同志也给予关心和支持，浙江博物馆郑绪明先生为本书提供宁波千工床照片，还有冯立、吴家元、范佩玲、洪可尧、陈可俊、彭阿龙、谢跃锡等先生和女士，在调查采访或在参加实物的拍摄工作中，都给予了友好的帮助，在此一并致以感谢。

另外，对协助我完成书稿的袁振洪女士也谨致深深的谢意。

书中引用了少数有关出版物的图版，多在文字中已有注明，如有疏漏未尽之处，请多谅解，并向作者及出版单位表示真诚的感谢。

记于苏州·三元